歯科衛生学シリーズ

生物学

一般社団法人
全国歯科衛生士教育協議会　監修

医歯薬出版株式会社

●執　筆（執筆順　*執筆者代表）

川合進二郎*　　大阪歯科大学名誉教授

高畑　悟郎　　東京歯科大学名誉教授

●編　集

矢尾　和彦　　元大阪歯科大学歯科衛生士専門学校校長

高阪　利美　　愛知学院大学特任教授

合場千佳子　　日本歯科大学東京短期大学教授

This book is originally published in Japanese
under the title of :

SHIKAEISEIGAKU-SHIRĪZU
SEIBUTSUGAKU
(The Science of Dental Hygiene：A Series of Textbooks—Biology)
Edited by The Japan Association for Dental Hygienist Education

© 2023　1st ed.

ISHIYAKU PUBLISHERS, INC
7-10, Honkomagome 1 chome, Bunkyo-ku,
Tokyo 113-8612, Japan

『歯科衛生学シリーズ』の誕生

　全国歯科衛生士教育協議会が監修を行ってきた歯科衛生士養成のための教科書のタイトルを，従来の『最新歯科衛生士教本』から『歯科衛生学シリーズ』に変更させていただくことになりました．2022 年度は新たに改訂された教科書 2 点を，2023 年度からはすべての教科書のタイトルを『歯科衛生学シリーズ』とさせていただきます．

　全衛協が監修及び編集を行ってきた教科書としては，『歯科衛生士教本』，『新歯科衛生士教本』，『最新歯科衛生士教本』があり，その時代にあわせて改訂・発刊をしてきました．しかし，これまでの『歯科衛生士教本』には「歯科衛生士」という職種名がついていたため，医療他職種からは職業としての「業務マニュアル」を彷彿させると，たびたび指摘されてきました．さらに，一部の歯科医師からは歯科衛生士の教育に学問は必要ないという誤解を生む素地にもなっていたようです．『歯科衛生学シリーズ』というタイトルには，このような指摘・誤解に応えるとともに学問としての【歯科衛生学】を示す目的もあるのです．

　『歯科衛生学シリーズ』誕生の背景には，全国歯科衛生士教育協議会の 2021 年 5 月の総会で承認された「歯科衛生学の体系化」という歯科衛生士の教育および業務に関する大きな改革案の公開があります．この報告では，「口腔の健康を通して全身の健康の維持・増進をはかり，生活の質の向上に資するためのもの」を「歯科衛生」と定義し，この「歯科衛生」を理論と実践の両面から探求する学問が【歯科衛生学】であるとしました．【歯科衛生学】は基礎歯科衛生学・臨床歯科衛生学・社会歯科衛生学の 3 つの分野から構成されるとしています．また，令和 4 年には歯科衛生士国家試験出題基準も改定されたことから，各分野の新しい『歯科衛生学シリーズ』の教科書の編集を順次進めております．

　教育年限が 3 年以上に引き上げられて，短期大学や 4 年制大学も 2 桁の数に増加し，「日本歯科衛生教育学会」など【歯科衛生学】の教育に関連する学会も設立され，【歯科衛生学】の体系化も提案された今，自分自身の知識や経験が整理され，視野の広がりは臨床上の疑問を解くための指針ともなり，自分が実践してきた歯科保健・医療・福祉の正当性を検証することも可能となります．日常の身近な問題を見つけ，科学的思考によって自ら問題を解決する能力を養い，歯科衛生業務を展開していくことが令和の時代に求められています．

2023 年 1 月

一般社団法人　全国歯科衛生士教育協議会理事長

眞木吉信

最新歯科衛生士教本の監修にあたって

　歯科衛生士教育は，昭和24年に始まり，60年近くが経過しました．この間，歯科保健に対する社会的ニーズの高まりや歯科医学・医療の発展に伴い，歯科衛生士教育にも質的・量的な充実が叫ばれ，法制上の整備や改正が行われてきました．平成17年4月からは，高齢化の進展，医療の高度化・専門化などの環境変化に伴い，引き続いて歯科衛生士の資質の向上をはかることを目的とし，修業年限が3年以上となります．

　21世紀を担っていく歯科衛生士には，これまで以上にさまざまな課題が課せられております．高齢化の進展により生活習慣病を有した患者さんが多くなり，現場で活躍していくためには，手技の習得はもちろんのこと，患者さんの全身状態をよく知り口腔との関係を考慮しながら対応していく必要があります．また，一人の患者さんにはいろいろな人々が関わっており，これらの人々と連携し，患者さんにとってよりよい支援ができるような歯科衛生士としての視点と能力が求められています．そのためには，まず業務の基盤となる知識を整えることが基本となります．

　全国歯科衛生士教育協議会は，こうした社会的要請に対応するべく，歯科衛生士教育の問題を研究・協議し，教育の向上と充実をはかって参りました．活動の一環として，昭和42年には多くの関係者が築いてこられた教育内容を基に「歯科衛生士教本」，平成3年には「新歯科衛生士教本」を編集いたしました．そして，今回，「最新歯科衛生士教本」を監修いたしました．本最新シリーズは，「歯科衛生士の資質向上に関する検討会」で提示された内容をふまえ，今後の社会的要請に応えられる歯科衛生士を養成するために構成，編集されております．また，全国の歯科大学や歯学部，歯科衛生士養成施設，関係諸機関で第一線で活躍されている先生方がご執筆されており，内容も歯科衛生士を目指す学生諸君ができるだけ理解しやすいよう，平易に記載するなどの配慮がなされております．

　本協議会としては，今後，これからの時代の要請により誕生した教本として本最新シリーズが教育の場で十分に活用され，わが国の歯科保健の向上・発展に大いに寄与することを期待しております．

　終わりに本シリーズの監修にあたり，種々のご助言とご支援をいただいた先生方，ならびに全国の歯科衛生士養成施設の関係者に，心より厚く御礼申し上げます．

2007年1月

全国歯科衛生士教育協議会　会長　櫻井善忠

発刊の辞

　近年，国民の健康に対する関心が高まるとともに，高齢者や要介護者の増加によって歯科医療サービスにおける歯科衛生士の役割が大きく変化してきました．そのため，歯科衛生士は口腔の保健を担う者として，これまでにも増して広い知識と高度な技能が求められるようになり，歯科医学の進歩や社会の変化に即した教育が必要になりました．

　歯科衛生士養成教育は，このような社会の要請に応じるために平成17年4月，歯科衛生士学校養成所指定規則が一部改正されて教育内容の見直しと修業年限の延長が図られ，原則として平成22年までにすべての養成機関が3年以上の教育をすることになりました．

　このような状況の下に発刊された最新歯科衛生士教本シリーズでは，基礎分野の教本として生物学，化学，英語，心理学をとりあげました．これらは，従来の歯科衛生士教本シリーズの中でも発刊していましたが，今回の最新シリーズの発刊にあたり，目次立てから新たに編纂しました．とくに生物学と化学は，医療関係職種に共通する科学の基礎知識を系統的に学習できるように，高校の初歩レベルから専門基礎分野で学ぶ生化学，生理学などにつながる内容を網羅しています．

　英語は，歯科診療室における様々な場面を想定した会話文をベースに，練習問題や単語，リーディングテキストを豊富にとりあげ，教育目標のレベルに応じて幅広い授業展開ができるように心掛けました．

　また，心理学では，一般的な心理学の知識はもちろん，歯科衛生士が患者との信頼関係に基づく医療サービスを提供する能力および歯科医師や他の医療職種の人たちと円滑な人間関係を保つ能力を修得するための基盤となる内容を併せもつ教本としました．

　これらの教本がテキストとしてだけでなく，卒業後も座右の書として活用されることを期待しています．

　2007年1月

最新歯科衛生士教本編集委員

可児　徳子　矢尾　和彦　松井　恭平　眞木　吉信
高阪　利美　合場千佳子　白鳥たかみ

執筆の序

　時代を振り返ってみると，科学技術の進歩によって我々の生活様式や価値感などが大きく変化してきたことがわかります．原子力，宇宙，電子工学などの成果は20世紀の人類社会を牽引し大きく変化させてきました．そして，21世紀は生命科学の時代といわれます．

　遺伝子（DNA）の構造，働きなどの解明によって，生物の発生，成長，分化，進化などの仕組みが次々と理解されるようになってきました．さらに，遺伝子工学の進歩は人間の手による生物そのものへの改造にまで迫ろうとしています．また，人間のゲノムを全て解読する作業が近年進められてきましたが，その結果，多くの病気の原因や脳による精神活動の仕組みなどが解るようになってきました．そして現在，生命科学の成果は再生医療や遺伝子治療などの先端医療の分野から遺伝子組換え作物を使った食品にいたるまで，我々の生活にさまざまな形で深く浸透しています．

　歯科衛生士をはじめとして医療に携わる者は，生命科学の知識なくして，人間の体の成り立ち，仕組み，働きなどを理解することがより困難になっています．生命科学は生物学を基本とした学問分野ですが，生物学の知識と応用の延長に歯科医学の基礎をつくる解剖学，組織学，生理学，生化学などの分野も展開しています．

　生物学は，この地球上に一体どのようにして生命が誕生し，さまざまな生物に進化したのか，といった疑問を解き明かすことで発展してきました．そこで，本書はまず生命とは何か，地球上の生命はいかにして誕生したのか（第Ⅰ編）から説き起こし，生命をつくる細胞の成り立ちと活動（第Ⅱ編），生命が連続する仕組み（第Ⅲ編），そして生命が環境の変化にあわせて生活する仕組み（第Ⅳ編），についてそれぞれ解説しています．

　本書すべてを時間内で消化することは難しいと思いますが，担当教員の指導のもと，この書を通じて，「生命とは何か」という一般的な知識を築いたうえで，人間の体の成り立ち，仕組み，働きを探求する生命科学のさまざまな分野へと知識を発展させて頂けるものと期待しています．

2008年2月

執筆者代表　川合進二郎

Ⅲ編　生命の連続

1章　生殖によって子孫をつくる

2章　遺伝と遺伝子

3章　動物の行動と進化

コラム

執 筆 分 担

Ⅰ編・Ⅲ編 .... 川合進二郎　　　Ⅱ編・Ⅳ編 .... 高畑悟郎

Ⅰ編

生　命

1 生命とは何か

1 生物には特徴がある

　生物は地球上のあらゆるところにさまざまな形で存在している．南極や火山の噴気孔あるいは深海底のようなところまで地球のすみずみに存在するし，巨大なクジラから顕微鏡でやっと観察できる細菌までその大きさや生活の仕方は千差万別であ

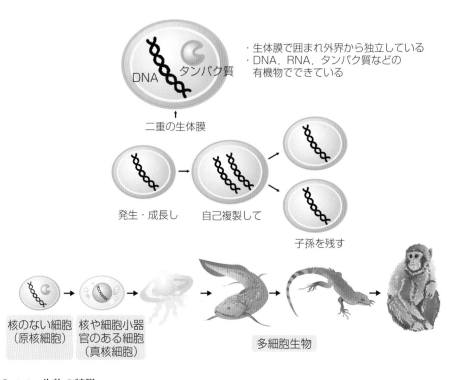

図Ⅰ-1-1　生物の特徴
細菌などの単細胞生物から多細胞生物へと進化する

る．このように地球上の生物は住む環境や進化の程度に応じてきわめてバラエティーに富んでいる．この多様な生物の間に共通する性質や構造があるのだろうか．ここですべての生物に共通する特徴を考えてみよう（**図Ⅰ-1-1**）．

生物が共有する特徴は，

① 外界から独立した構造（細胞）でできている，

② タンパク質や核酸などの高分子化合物でできている，

③ 発生し成長する，

④ 自己複製をして子孫をつくる，

⑤ 環境からエネルギーを得て活動する，

⑥ 環境からの刺激を感じとり反応する，

⑦ 進化する，

である．では，なぜ多様な生物の間にこうした共通点があるのだろうか．それは，地球上のすべての生物が約 40 億年前に生まれた生命を共通の祖先とするからである．共通の祖先である原始的な生命（**原始細胞**）が，地球上に誕生した後に生命を受け継ぎながらさまざまな変化（これを**生物進化**という）を遂げて今日の地球上の生物になったのである．

2 生命をつくる物質

1. 生命はさまざまな化学物質でできている

細胞は生命の基本単位である．ヒトの体は多数の細胞が集合した組織や器官によってつくられている．では，細胞をつくる物質はどのようなものだろうか．ヒトの生活に必要な栄養はタンパク質，糖質（炭水化物），脂質の**三大栄養素**である．われわれの体つまりは細胞の集合体がこれらの物質でできているので，細胞を維持するために食物として摂取しなければならない．食物は，後で述べるように消化器官でアミノ酸や糖類などの小さい物質に分解（消化）されるが，これらの物質はいずれも炭素を骨格として水素や酸素が多数結合した化合物である．ヒトの体には，水素（H），酸素（O），炭素（C），窒素（N）の四つの元素が主要なもので，そのほかに歯の成分にもなるリン，ナトリウム，カリウム，カルシウムなど微量であるが存在する．つまり，細胞はこれらの元素が結びついてできた水，炭素化合物，窒素化合物，さらにこれらが複雑に結合してできた大きな**有機化合物**と無機塩類などによって構成されている（**表Ⅰ-1-1**）．

2. タンパク質や核酸は生命のもとをつくる

タンパク質は全部で 20 種類の**アミノ酸**が組み合わさって結合したもので，細胞の構造とさまざまな働きを担う物質である．五炭糖と塩基が結合した**核酸**は遺伝情

表 I -1-1　ヒトの体をつくる主な元素

元素名	構成（%）	体をつくる物質
酸　素	66.0	タンパク質，核酸，脂質，糖類などの有機物をつくる
炭　素	17.5	
水　素	10.2	
窒　素	2.4	
カルシウム	1.6	無機塩類，骨や歯をつくる成分など
リ　ン	0.9	
カリウム	0.4	
ナトリウム	0.3	
塩　素	0.3	
硫　黄	0.2	
マグネシウム	0.05	

報を担う物質である．DNA（デオキシリボ核酸）とRNA（リボ核酸）の2種類ある．DNAはアデニン，グアニン，シトシン，チミンの4種類，RNAはアデニン，グアニン，シトシン，ウラシルの4種類の塩基が構成成分である．脂肪酸とリン酸が結合したリン脂質は細胞の膜構造をつくり，糖類とそれが多数結合した多糖類などはエネルギー物質などとして細胞の活動を支えている．

3. 生命の活動は化学反応で行われる

　生命は自己の体を維持し，成長し，さらに子孫を残すためにさまざまな活動をする．このような活動は細胞が担っているが，その一つひとつの活動は化学反応であり，こうした化学反応が互いに連携しながら進められる．生命が誕生するためには生命をつくる化学物質，特にタンパク質，核酸，リン脂質などが必要不可欠であった．さらに，これらの化学物質が互いに関係を結んで反応する空間（それが細胞構造である）が必要であった．この空間はリン脂質でできた生体膜によって形成され，この中にさまざまな物質を閉じ込めることで反応の場になっている．

4. 生命をつくる物質は親から子へと連続する

　生命は子孫をつくるとき親の体をもとにして子をつくるので，タンパク質や核酸などの体をつくる物質が親から子へと分配され伝達されていく．このとき生体物質をつくる情報（生命の設計図）はDNAに遺伝子として保持されているので，親から子へと遺伝子が伝達されることが絶対に必要である．個体には寿命がありいつかは死んでいく．しかし，このように親から子へ遺伝子をはじめとする生体物質を伝達することで，生命は連続し維持されてきたのである．

ウイルスは生命か？

冬になるとインフルエンザウイルスの感染が盛んになることや，AIDS（後天性免疫不全症候群）の原因がHIV（ヒト免疫不全ウイルス）であることはよく知られている．しかしウイルスは細菌よりも小さな存在であるため，実際にこのような病気に罹らないとその存在を意識することもない．

ウイルスは自力で生活することをやめた，きわめて特殊な寄生体である（これを偏性寄生性という）．細菌や動植物の細胞に侵入して自分の遺伝子だけを潜り込ませ，宿主のエネルギーや物質を利用するので細胞構造をもたなくても増殖できる．遺伝子としてはDNAまたはRNAをゲノムとする二種類に大

別され，2020年のパンデミック（世界的感染流行）を引き起こした病原体・新型コロナウイルス（COVID-19）はRNAウイルスである．

このようなウイルスが果たして生命といえるのか？　生命の特徴はまず細胞構造をもつことであるから，この点ではウイルスは定義に合わない．しかし，独自の構造体と遺伝子をもつことや，寄生生活とはいえ発生し増殖する点は生命の仲間の資格がある．このようにウイルスは特殊な生命体であり，自然界にきわめて多様な種類が存在し，しかも新たな変異体が出現するために，人類は常に未知のウイルスによる脅威にさらされている．

人類も宇宙人？

太陽系には地球や火星のような惑星以外に無数の星のかけらが存在する．このかけらが彗星になって夜空に流れ星になることがある．彗星は，遠い宇宙のかなた太陽系の外からやってくることもあり，そのいくつかは地球に落ちて隕石になる．もしもこのような星のかけらに核酸などの有機物が存在していたとすると，それは原始的な生命のもとになったかもしれない．これが生命の源は宇宙にあったという「パンスペルミア説」（宇宙から生命の種が播かれたという考え方）である．

実際はどうだろうか？　宇宙空間にはきわめてわずかだがアミノ酸などの有機物が存在することがわかっているので，可能性はゼロではないだろう．最近では，苛酷な宇宙空間

でもバクテリアが数年間生き延びることが確認されている．そこで，日本やアメリカは火星などの惑星に探査機を飛ばして原始的生命の可能性があるのかを調べている．日本の惑星探査機「はやぶさ2」は2018年に小惑星リュウグウに到着し，地表面のサンプルを採取して，2020年地球に帰還した．回収サンプルの中に生命の素材となるどのような物質があるのか注目される．もしも，地球生命体の祖先が宇宙の彼方からきたものであれば，われわれはやはり宇宙人の仲間ですか……？

2 生命の誕生

1 原始地球

1. 原始地球は灼熱の世界であった

　地球は約46億年前に誕生したとされる．その頃のことはよくわかっていないが，マグマ状の灼熱の惑星であったとされている．水蒸気，二酸化炭素，窒素などからなる原始的な大気が形成されたが，遊離の酸素は存在しなかった．やがて，地球は徐々に冷えて大気中の水蒸気は大雨となって降りそそぎ，約40億年前には原始的な海洋が形成された．海洋の中で，大気に含まれる二酸化炭素，窒素などが水に溶けて有機物をつくった．

2 化学進化と有機物の起源

1. 化学進化によって生命体をつくる有機物ができた

　細胞が水，炭素や窒素化合物によってできていることは先に述べたが，このような生命をつくる複雑な化学分子は原始地球に存在していなかった．

　では，どのようにして細胞のもとになる物質がつくられたのだろうか．原始海洋に大気の成分などが溶けてできた有機物が蓄積して生命のもとになったと考えられている．有機物のなかには，タンパク質のもとになるアミノ酸，核酸をつくる塩基や糖類などの小さな分子があった．これらは水，二酸化炭素や窒素などの無機化合物から熱や太陽光線などのエネルギーによってつくられた．このように化学反応を進める熱，太陽光線，水などの環境があれば，簡単な無機物から有機物が，小さな有機物がタンパク質や核酸などの大きな化合物へと少しずつ変化するのである．こ

263-00580

のような過程を**化学進化**という.

2. RNA がタンパク質の合成を進めた

　化学進化がある程度進んで複雑な化合物ができると，その物質が新しい化学反応を効率よく進める触媒の役割を果たすことができる．原始細胞のなかでこのような触媒の働きをしたのは RNA であったとする説がある．RNA はアミノ酸どうしを結合させてタンパク質にする反応を進めていた．やがて，二重らせん構造で RNA よりも化学的に安定した DNA がタンパク質をつくるためのアミノ酸の情報を司り，RNA は指定されたアミノ酸を結合させていく反応を進めるように，それぞれ役割が定まっていったと考えられる．このような関係が，DNA と RNA のタンパク質合成における役割の違いとなり，遺伝情報は DNA が司ることになった始まりなのである．タンパク質は，その後複雑で大きな構造をもち触媒作用を効率よく進める酵素を多数つくり，細胞内における化学反応の主要な役割を果たすことになる．

3　原始細胞

1. 原始細胞が生命の祖先となった

　細胞は細胞膜に囲まれた構造体である．細胞膜は脂肪酸をもととするリン脂質によってできている．膜で囲まれた構造体の中にアミノ酸などのさまざまな有機化合物が濃縮して存在すると，そこに複雑な化学反応の場ができる．それが次第に完成されたものになり，外側から多くの物質を取り込んで新たな細胞構造をつくり出すことができるようになったものが原始細胞である（**図Ⅰ-2-1**）．物質を取り入れて自己と同じものを新しくつくり出すことを自己複製といい，細胞の場合は細胞分裂という形で複製が行われる．このような自己複製の中心に位置するものが DNA であり，タンパク質をつくる情報を蓄えて遺伝子としての役割を果たしている．

　このようにして，膜で囲まれた独立の空間をつくり，そのなかでタンパク質や核酸などの生命活動に必要な物質を蓄え，さらにこれをもとに新しく自己に似た細胞構造を複製する原始細胞が誕生したとされるが，それはおよそ 40 億年前である．

図Ⅰ-2-1　原始細胞が誕生するまで
原始海洋の中で大気の成分をもとにして簡単な有機物がつくられた．その後これらの有機物は互いに反応してより複雑な有機物をつくり，原始細胞のもととなった

原始的生命体はいまも存在するのか？

　地球上には，火山の噴気孔，深海底，南極の海など，きわめて厳しい生息環境のところがある．このように過酷な場所にも特殊な生物が存在する．たとえば深海底には地下のマグマに温められた水が湧き出す熱水噴出口に，さまざまな化学合成細菌とよばれる生物の存在が確認されている．化学合成細菌は，硫化水素などの無機化合物をエネルギー源にして有機物をつくり成長するきわめて特殊な生物で，細菌のなかでも原始的な性質をもつ

ものであると考えられている．このほかにも，メタン菌，好熱菌など極限環境に棲む古細菌（アーキア）とよばれる原始的な生命体の特徴を保持した生物は，いまでも地球上の各地に存在する．生物は環境の変化に応じて自らが変化することで進化してきたが，逆に環境の変化が少なく競争する相手のいない場所では適応して変化を止め，原始的な特徴を維持して存在することもできるのである．

263-00580

3 生命の変遷

到達目標
1 細胞がしだいに複雑になる過程を説明する.
2 生命が進化した道筋を説明する.

1 単細胞の生命体

1. はじめは単細胞の生命であった

　現在の地球には細菌（真正細菌と古細菌）や藻など，単細胞で細胞の中に核など
の細胞内構造をもたない生物が多数いる．原始細胞は細菌などと同じく1個の細
胞でできていた．当時の地球環境はかなり高温であったと考えられ，原始細胞は好
熱細菌とよばれる仲間に近いものであった．大気には酸素がなかったので，硫化水
素やメタンなどを酸化してエネルギーを得る，嫌気性とよばれる性質の生物であっ
た．このような生物は**独立栄養生物**とよばれて，ほかの生物が合成した有機物に依
存して生活する生物（**従属栄養生物**）と区別される．その後，光を利用してエネル
ギーを得る光合成細菌とよばれる生物が出現した．ラン藻の仲間の先祖とされる生
物で，その後これらの生物は植物へと進化していく．光合成をする生物は水と二酸
化炭素を利用して有機物をつくり，その結果酸素を排出する．こうして，徐々に酸
素が大気に蓄積していった．酸素を利用してエネルギーを得る方法を好気呼吸とい
うが，酸素が大気中に存在することで好気性の生物が登場する．

2 核と細胞小器官の起源

1. 核と細胞小器官をもつ細胞が誕生した

　ヒトの体を構成する細胞には遺伝子を納めた核のほかに各種の細胞小器官とよば
れる膜で囲まれた構造があり，細胞内の活動を分担して行っている．細菌，ラン藻
などは核をもたない生物で，このような核のない生物を**原核生物**という．これに対

してヒトの細胞など核があるものは**真核生物**という．真核細胞には，核のほかにミトコンドリア，ゴルジ体，小胞体など多数の細胞小器官が存在する．ミトコンドリアの起源については，原始的な細胞が一方を飲み込んだ結果，飲み込まれたほうがそのまま共生してしまった，という**細胞内共生説**がある．また，膜が複雑に発達することで細胞内にさまざまな袋やしきり構造ができ，それが細胞小器官のもとになったのかもしれない．さまざまな細胞小器官は物質の合成や分解あるいは運動などを分業して行うことで，一つひとつの細胞がより複雑な働きをすることができるようになった．

3 単細胞が集合して多細胞生物をつくった

1. 多細胞体の誕生

ヒトの体はきわめて多数の細胞でできた**多細胞体**である．多細胞生物の体は，細胞が集合して組織をつくり，さらに異なる組織が組み合わさって器官をつくる．多細胞生物は大きな体をつくり複雑な活動ができるようになった．約6億年前に，生物が多くの細胞の集合体となることでより複雑な構造と活動能力を獲得していった．

2. 多細胞生物の進化

5億4千万年前にはカンブリア爆発とよばれる急激な生物の多様化が起こった．そして脊索とよばれる体の主軸を支える器官をもつ生物や，殻や硬い骨格をもつ生物のなかから原始的な魚類が現れ，これらが脊椎をもつ動物の祖先になった．植物が陸上に進出しシダ植物が栄えるなかで，動物も陸上へと進出した．このなかから肺をもつ動物が現れ，両生類，爬虫類へと進化する．爬虫類で最も繁栄したのは恐竜とよばれる大型爬虫類である．そして爬虫類のなかから鳥類と哺乳類が誕生する．

4 生命は進化して多様な生物を生み出した

1. 生物進化の仕組み

現在地球上には，**細菌**（**真正細菌**と**古細菌**），**原生生物**，**植物**，**菌類**，そして**動物**と大きく分けて五つの生物がいる．これらの生物はすべて祖先を同じくするものである（**図Ⅰ-3-1**）．しかし，その形や大きさなどは全く異なっている．このように多様な生物は，40億年かけて**進化**してきた結果である．進化とは生物が遺伝的性質を変化させて，異なる遺伝的性質をもつ生物になることである．生物は，突然変異，自然選択，隔離などによってその遺伝的性質を変化させていくが，これには

263-00580

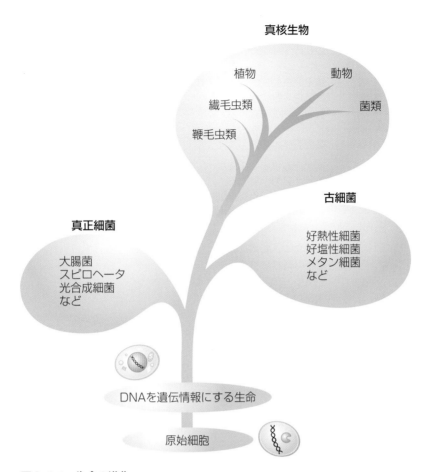

図 I -3-1　生命の進化
原始細胞から DNA を遺伝情報にする生命が生まれ，それが進化して現在の地球上のさまざまな生物ができた

生物をとりまく自然環境の変化が大きな影響を及ぼす（**表 I -3-1**）．

2．地球環境の変動が生物進化の原動力となった

　また，地球環境は過去に大規模な変動を何度もして多くの生物が絶滅した歴史がある．その原因はさまざまだが，たとえば恐竜が絶滅したのは，大きな彗星が地球に衝突した結果，環境が激変したためであるとされる．しかし，恐竜が滅ぶことによって哺乳類がその地位を取って代わることができた．もしも恐竜が絶滅しなければ，われわれ人類は存在しなかったかもしれない．このように環境が激変してある生物が絶滅し，代わりにある生物が栄えることも進化の大きな要因である．地球というすばらしい惑星が生み出した生物の歴史は地球のダイナミックな変動のなかに組み込まれて発展し，これからも止まることなく歩みを進めていくのである．

表Ⅰ-3-1　生物の変遷

時代	紀	年代	生物のできごと	環境のできごと	繁栄した動物・植物
先カンブリア時代		38	最初の生命（原核生物）誕生	化学進化 有機物の誕生	繁栄した動物 繁栄した植物
		27	酸素発生型光合成生物の出現 好気性生物の出現	有機物の消費 酸素の発生	
		21	真核生物の出現	酸素の増加	
		10	多細胞生物の誕生	最初の超大陸	
		6.5	無殻無脊椎動物の繁栄 エディアカラ動物群		無脊椎動物の時代 藻類の時代
古生代	カンブリア紀	5.8	外骨格をもつ無脊椎動物（三葉虫・腕足類）の出現		
			パージェス動物群 最初の脊椎動物の誕生		
		5.1	三葉虫・フデイシの繁栄		
	オルドビス紀		魚類の出現	オゾン層の形成	
		4.5	サンゴの繁栄		魚類の時代
	シルル紀		最古の陸上植物の出現 昆虫類の誕生		
	デボン紀	4.2	魚類・腕足類の繁栄		シダ植物の時代
			アンモナイトの出現		
			両生類・シダ種子植物の出現		
	石灰紀	3.7	フデイシ類絶滅 シダ植物の大森林 昆虫類の発達 裸子植物の出現 爬虫類の出現	超大陸パンゲアの形成	両生類の時代
	二畳紀（ペルム紀）	2.9	爬虫類・昆虫類の多様化		
			三葉虫・フズリナの絶滅		
			シダ植物の衰退		
	三畳紀		裸子植物（針葉樹）の繁栄		
			原始哺乳類の出現		
		2.1			

263-00580

中生代	ジュラ紀	2.1	シソチョウの出現
中生代	ジュラ紀		大型爬虫類（恐竜類など）の繁栄
中生代	ジュラ紀		アンモナイトの繁栄
中生代	ジュラ紀		裸子植物の繁栄と被子植物の出現
中生代	白亜紀	1.4	鳥類の出現
中生代	白亜紀		アンモナイトの絶滅
中生代	白亜紀		有胎盤類の出現
中生代	白亜紀		大型爬虫類の消滅
新生代	第三紀	0.65	哺乳類の多様化
新生代	第三紀		霊長類の出現と多様化
新生代	第三紀		木本性被子植物の繁栄
新生代	第三紀		昆虫類の多様化
新生代	第三紀		単子葉類の繁栄
新生代	第三紀		人類の出現
新生代	第四紀	0.017	草原の発達
新生代	第四紀		昆虫類の繁栄
新生代	第四紀		マンモスの絶滅
新生代	第四紀		文明の誕生
新生代	第四紀	現在 ▼	人口の急増と急激な種の絶滅

気候の多様化

氷期と間氷期の繰り返し

ヒトによる環境の改変

爬虫類の時代 裸子植物の時代

哺乳類の時代 被子植物の時代

（※数値は億年前を表す）

母なる太陽そして地球，しかしもし地球が凍りついたら…

　大気圏のはるか彼方からみる地球は美しい．気象観測衛星を通じてみる地球は青い海とまばらな白い雲に覆われ，この海洋と温暖な大気がわれわれ生命を育んでいることがよく実感できる．しかし，約46億年という途方もない時間のなかで，地球にはさまざまな出来事があった．これらは化石などの岩石や地層に残された証拠から類推される．

　母なる地球は優しい姿だけではない．たとえば，いまから5〜6億年前は地球全体が凍っていたということが最近いわれている．その結果，ほとんどの生命は絶滅したであろうと考えられている．また，大陸は常に移動しており，長い年月の間に大きく地形や気候を変化させてきた．

　このように生命は地球の変化とともに絶滅したり発展したりという歴史を繰り返してきた．人類はそのなかで瞬きをするほどの時間を生きてきたにすぎないが，一方で約40億年近い生命の歴史が連綿とわれわれの体の中に生きている．個体としての生命は限りあるが，地球上の生命は太陽と地球がある限りさまざまに変化しながら続いていくのである．

人類の歴史はさまざまな感染症とのたたかいであった

感染症はウイルス，細菌，真菌，寄生虫などの病原体がヒトやヒトに近い動物に侵入・増殖して起こるさまざまな疾患のことで，インフルエンザ，食中毒，AIDS などの感染症がわれわれの身近なところで発生している．病原体は，口腔，気道，生殖器，皮膚，創傷部などから身体内部に侵入することで感染する．感染経路には経口感染（食物・飲み水など），空気感染，接触感染，性行為感染，昆虫媒介感染などがある．

感染して発熱，下痢，嘔吐などさまざまな初期症状が発現するまでを潜伏期間というが，この間に免疫系をはじめとするヒトの感染防御機構が病原体に対して懸命にたたかっている．症状が緩やかで長期に感染が持続する場合を**不顕性感染**または潜伏感染といい，

感染力のある病原体を保持している無症状感染者（キャリアともいう）が本人の気づかないままに別の人に感染させてしまうことで，人の間で感染が拡大していく．感染拡大を防ぐためには感染原（病原体）と感染経路を完全に断つこと，病原体に対する特異的なワクチンの開発，特効薬の開発が最も重要である．人の間での感染の場合は，感染者を速やかに発見して他の健常者と接触しないように隔離することが必要になる．しかし新奇ウイルスに対しては，感染診断に時間とお金のかかる**PCR 法**（ポリメラーゼ連鎖反応：DNA を大量に複製する方法）に頼るしかないので，感染者を発見するのが困難である．そして感染者の隔離が難しくなればなるほど感染が広がってしまう．

パンデミックを克服する

2019 年，重症肺炎を引き起こす新型コロナウイルス（COVID-19）の猛威は瞬く間に世界に拡散して大量の感染者を出し，パンデミック（世界的感染流行：pandemic）となって市民生活を破壊した．人類社会は過去にパンデミックを何度も経験してきた．たとえば 14 世紀のペスト（黒死病）の流行でヨーロッパの 3 分の 1 の人間が死亡したといわれている．また，1918 年から流行したインフルエンザ（スペイン風邪）のパンデミックは，世界で 5 億人以上の感染者と 5,000 万人以上の死者を出したとされる．

毎年必ず流行するインフルエンザのウイルスは，ブタなどの家畜や渡り鳥に常時潜伏している．いま，人口が爆発的に増加するなかで人々が都市に密集し，食糧を求めて自然破壊

と非衛生的な状態が加速している．こうして人類は家畜や鳥類に加えて野生生物に潜む未知の病原体に出合う機会が増加しており，新型コロナウイルスも野生生物由来と考えられる．今後も人類は新たな病原体に襲われて，新興感染症の爆発的流行が起こると考えられる．

国民の健康を守っていくためには，常に新しい感染症の原因を探りその発生と流行を阻止する態勢が求められており，医療従事者はこのことを頭に置いておく必要がある．公衆衛生的な対処についての正しい理解（病原体がヒトに感染する仕組み，正しい予防法，感染者をみつけ出す検査法の原理・応用など），ワクチンや予防薬などの対処の仕方，さらに衛生学的な方法の有効性や限界をしっかり学んで身につけることが重要である．

263-00580

組織と細胞

1　生物は細胞からできている

到達目標

1　細胞をつくる主要な元素を説明する.

2　水の特徴と，細胞における水の役割を説明する.

3　タンパク質・核酸・糖質・脂質などの役割を説明する.

4　細胞の研究方法について説明する.

5　細胞膜・細胞小器官の構造と役割を説明する.

6　原核細胞と真核細胞の特徴を説明する.

7　細胞骨格の構造と役割を説明する.

8　酵素の特徴と役割を説明する.

9　ATP の特徴と役割を説明する.

10　細胞呼吸の種類とそれぞれの過程を説明する.

11　細胞の運動について説明する.

12　細胞の分泌活動について説明する.

13　情報伝達（シグナル伝達）の仕組みについて説明する.

1　細胞をつくる物質

　生物の体をつくる化学物質は，どの生物にもほぼ共通であるが，その組成は，生物の種類や成長過程によって異なる．哺乳類の場合，水が一番多く，続いて，タンパク質，脂質，糖質，核酸の順である．そのほかに，無機塩類やビタミンなどが含まれている（図Ⅱ-1-1）.

1. 元素

　地球には 100 以上の元素が存在するが，生体を構成する元素は 10 数種類である．酸素，炭素，水素，窒素の四つの元素がほぼ 96％を占めている．そのほか，リン，硫黄，カルシウム，カリウム，マグネシウムなど，量は少ないが生命活動に重要な役割を果たしている元素もある（表Ⅰ-1-1 p.4 参照）.

263-00580

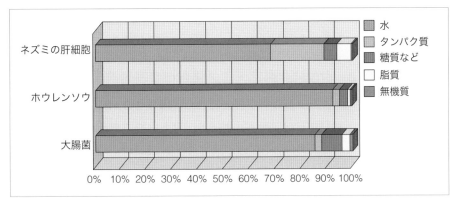

図Ⅱ-1-1　生体の構成物質

2. 水は生命に最も重要なものである

　水は“生命を生み出した母体”といわれるほど，重要な物質である．その理由として以下のような点があげられる．

　①溶媒として優れさまざまな物質を溶かし，化学反応を円滑に行うことができる．

　②タンパク質や核酸などの重要な物質の化学的性質を，一定に保つ働きがある．

　③比熱や気化熱が大きいので温度の変化が起きにくく，穏やかな環境をつくる．

　水分子はほかの多くの分子と水素結合をして生命活動が進められる環境をつくる．水に親和性があり，容易に水に溶ける溶質を親水性という．細胞内の糖類，有機酸，アミノ酸などの有機の低分子がそれにあたる．一方，水にあまり溶けない脂

コラム

口腔内の細胞を観察しよう

　1．実験器具
　①顕微鏡　②スライドグラス　③カバーグラス（24×24mm）④濾紙　⑤楊枝　⑥ピンセット　⑦メタノール（原液）　⑧水で1%に希釈したギムザ液（使用直前に希釈する）
　2．実験方法
　①楊枝の頭で頬の内側を軽くこすり，スライドグラスに塗りつける．また，楊枝の先で歯周ポケットを軽くこすり，スライドグラスに塗りつける．
　②約1分間放置し，乾燥したらメタノール（染色ビン）に入れ，5分間固定する．
　③スライドグラスを取り出し，ギムザ液を数滴のせ，5〜10分間染色する．
　④カバーグラスをのせて，ピンセットの先で軽く押す．
　⑤カバーグラスの周囲に溢れたギムザ液を濾紙で吸い取り，顕微鏡で観察する．

　⑥口腔上皮細胞，白血球（好中球，リンパ球，単球など），細菌が観察できる．
〔写真の説明〕
　口腔上皮細胞（Ⓐ），白血球（Ⓑ），細菌（口腔上皮細胞の表面などに多数みられる黒い点）が観察される（×500）．

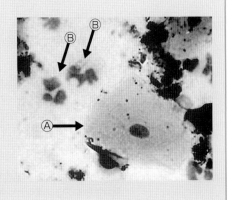

質や膜の構成タンパク質などは疎水性である．一般に，若い細胞は水の占める割合が多く，時間が経つにしたがって水は減少していく．

3. タンパク質はアミノ酸がペプチド結合で多数つながったものである

アミノ酸が**ペプチド結合**し（**図Ⅱ-1-2，3**），長い鎖状になったものをタンパク質（ポリペプチド）という．アミノ酸は20種類（**表Ⅱ-1-1**）あるが，どのアミノ酸がどのような順序で結合するかによって，タンパク質の性質が決まってくる．タンパク質は分子量が数万の大きな分子なので，高分子化合物とよばれる．分子が大きいので，立体構造が複雑な形になる．立体構造は，温度やpHの影響を受けて変化する．細胞では，水を除いた物質のなかでは最も多く，さまざまな構造体の主成

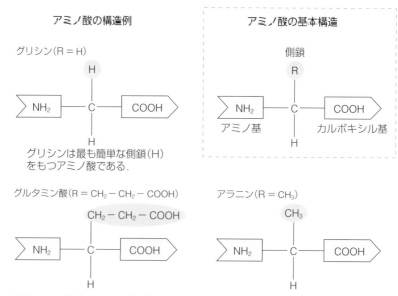

図Ⅱ-1-2　生物のタンパク質を構成するアミノ酸の基本構造
R（側鎖）の部分がアミノ酸の種類によって異なる

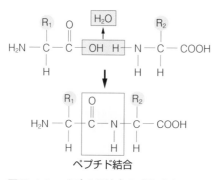

図Ⅱ-1-3　ペプチド結合の成り立ち
側鎖が R_1 のアミノ酸のカルボキシル基（-COOH）と，側鎖が R_2 のアミノ基（H_2N-）が反応して水（H_2O）がとれて，ペプチド結合（-COHN-）ができアミノ酸がつながる

263-00580

分である．また，酵素，ある種のホルモン，抗体などもタンパク質であり，細胞が活動するうえで最も重要な役割を果たしている．

表II-1-1　アミノ酸の種類

極性アミノ酸の側鎖は親水性でタンパク質の外側に集まり，また非極性のアミノ酸はタンパク質の内部に集まる傾向がある．このことがタンパク質の立体構造をつくりだす要素の一つである

アミノ酸	R	三文字表記	一文字表記	性質
アスパラギン酸	$-CH_2-COO^-$	Asp	D	電荷性の極性アミノ酸．負（−）の電荷をもつものは酸性，正（＋）の電荷をもつものは塩基性である．
グルタミン酸	$-CH_2-CH_2-COO^-$	Glu	E	
リジン	$-CH_2-CH_2-CH_2-CH_2-NH_3^+$	Lys	K	
アルギニン	$-CH_2-CH_2-CH_2-NH-C{<}^{NH}_{NH_3^+}$	Arg	R	
ヒスチジン	$-CH_2-C{<}^{NH-CH}_{CH-NH^+}$	His	H	
アスパラギン	$-CH_2-C{<}^{O}_{NH_2}$	Asn	N	非電荷性の極性アミノ酸
グルタミン	$-CH_2-CH_2-C{<}^{O}_{NH_2}$	Gln	Q	
セリン	$-CH_2-OH$	Ser	S	
トレオニン（スレオニン）	$-CH{<}^{OH}_{CH_3}$	Thr	T	
チロシン	$-CH_2-\bigcirc-OH$	Tyr	Y	
グリシン	$-H$	Gly	G	非極性アミノ酸（プロリンはアミノ酸そのものの構造が記してある）
アラニン	$-CH_3$	Ala	A	
バリン	$-CH{<}^{CH_3}_{CH_3}$	Val	V	
ロイシン	$-CH_2-CH{<}^{CH_3}_{CH_3}$	Leu	L	
イソロイシン	$-CH{<}^{CH_3}_{CH_2-CH_3}$	Ile	I	
フェニルアラニン	$-CH_2-\bigcirc$	Phe	F	
メチオニン	$-CH_2-CH_2-S-CH_3$	Met	M	
トリプトファン	$-CH_2$（インドール環）	Trp	W	
システイン	$-CH_2-SH$	Cys	C	
プロリン	プロリン構造（$HN-C(H)-COOH$，環）	Pro	P	

4. 核酸は情報をもった分子である

　核酸には，DNA（**デオキシリボ核酸**）とRNA（**リボ核酸**）の2種類が存在するが，いずれもヌクレオシド（糖と塩基が結合したもの）にリン酸が結合したヌクレオチドという基本単位が，多数結合して鎖状になったものである（**図Ⅱ-1-4～6**）.

　DNAは二重らせん構造をしていて，核の中に存在し，ヒストン（タンパク質）と結びついて，染色質（クロマチン）を形成する（**図Ⅱ-1-7**）.

　RNAは1本鎖で，核の中や細胞質に存在し，mRNA，tRNA，rRNAの3種類ある.DNAは遺伝情報を保持する働きをし，RNAは遺伝情報の発現に関与する．DNAとRNAがそれぞれの役割を果たして，タンパク質の合成が行われる（**表Ⅱ-1-2**）.

> **RNAは3種類ある**
>
> mRNA＝伝令RNA
> tRNA＝運搬RNA
> rRNA＝リボソームRNA

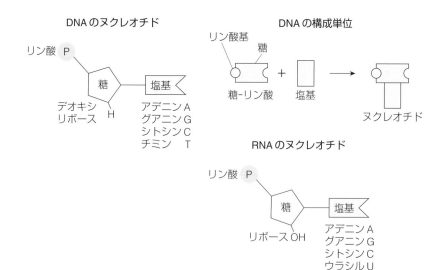

図Ⅱ-1-4 核酸を構成する分子
DNA(デオキシリボ核酸)は，塩基がアデニン，グアニン，シトシン，チミン，糖はデオキシリボースで構成される．一方RNA（リボ核酸）は，塩基がアデニン，グアニン，シトシン，ウラシル，糖はリボースで構成される．核酸には方向性がある．リン酸が結合している側を5'末端，糖の側を3'といい，5'末端側を通常先頭部とする

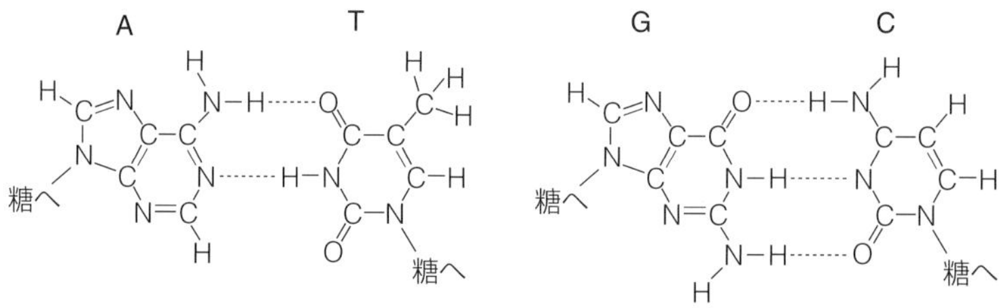

図Ⅱ-1-5　塩基の水素結合
アデニンとチミンは2カ所で，グアニンとシトシンは3カ所で水素結合をするので，常に結合の相手が決まっている．ウラシルはチミンとよく似た化学構造をしているので，アデニンと結合できる

263-00580

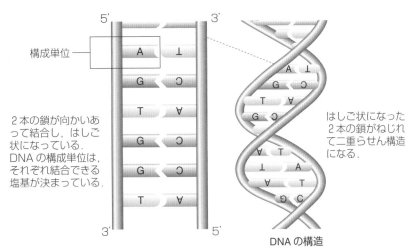

図Ⅱ-1-6　DNA の立体構造

DNA は，はしご状になった 2 本の鎖がねじれて二重らせん構造になる．らせんの内側で，塩基の A と T，G と C が結合する（相補的塩基対）

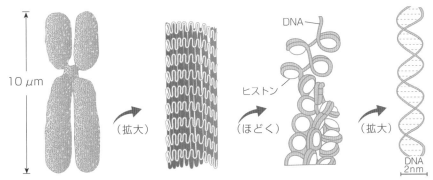

図Ⅱ-1-7　真核細胞の染色体（細胞分裂中期）の構造

表Ⅱ-1-2　DNA と RNA の比較

	DNA	RNA
糖	デオキシリボース	リボース
塩基	アデニン，グアニン，シトシン　チミン	アデニン，グアニン，シトシン　ウラシル
構造	二重らせん	1 本鎖
特徴・働き	核内・ミトコンドリアにある　遺伝子を保持する	核と細胞質内にある　タンパク質合成に関与する

5. その他の有機物

　脂質は脂肪酸などの長い鎖をもつ水に溶けにくい物質で，さまざまな種類がある．中性脂質は生命活動のエネルギー源で，リン脂質は細胞の膜の主成分である．またコレステロール，ビタミン A，ビタミン D，副腎皮質ホルモン，胆汁などはステロイドの仲間で，脂質に分類される．

　糖質は，単糖類（グルコース，フルクトースなど），オリゴ糖類（マルトース，スクロースなど），多糖類（グリコーゲン，デンプン，セルロースなど）に分けられる．エネルギー源，細胞壁の成分などに使われる．

2　生命の単位―細胞

1. 細胞の研究方法

　ほとんどの細胞は裸眼ではみえないので，細胞の研究に顕微鏡は必須の道具である．ガラスのレンズを使った光学顕微鏡は数百年前から使われ，細胞の研究に多大な貢献をしてきた．

　しかし，光学顕微鏡は分解能に限界があり，0.2 μm以下の物体は観察できない．20世紀後半に開発された電子顕微鏡（透過型と走査型がある）は，電子線を使用するので，光学顕微鏡より約1,000倍の分解能が得られる．細胞構造の研究成果は，ほとんどが電子顕微鏡によって得られたものである（**図Ⅱ-1-8**）．

　一方，細胞内構造体の働きや組成は，細胞分画法によって研究される．これは細

細胞生物学で使われる大きさの単位

　マイクロメートル（μm）は細胞や比較的大きな細胞小器官のサイズを表すのに使われる単位である．1マイクロメートル（ミクロンともよばれる）は1メートルの100万分の1メートル（10^{-6}m），または，0.001mmである．
　ナノメートル（nm）は，小さい細胞構造や分子の大きさを表すのに使われる単位である．1ナノメートルは1メートルの10億分の1メートル（10^{-9}m），または0.001 μmである．

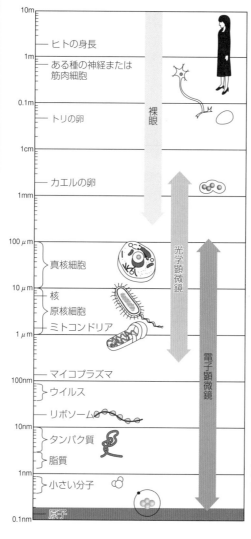

図Ⅱ-1-8　ヒトの裸眼，光学顕微鏡と電子顕微鏡の分解能力（細胞の世界[2]より）
（縦軸は，示す長さに応じるために，対数目盛りになっている）

263-00580

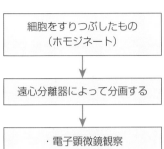

図Ⅱ-1-9　細胞分画法
組織・細胞をスクロースなどの溶液中ですりつぶし，その液を遠心分離機にかけ，比重の違いによって，核，ミトコンドリア，小胞体などに分けていく方法である

胞を機械ですりつぶし，その液（ホモジネート）を遠心分離機で構成要素に分けた後，それぞれの働きや化学組成を分析する方法である（**図Ⅱ-1-9**）．こうして得られた細胞小器官（オルガネラ）を，電子顕微鏡観察で構造を調べたり，生化学的分析することで成分や働きが明らかにされてきた．

あなたの体はどれくらいの細胞でできているのか？

ヒトの体は多くの細胞が集合して組織（上皮組織，筋肉組織，神経組織，結合組織の四大組織に分類される）をつくり，組織がさらに集合して肝臓や胃などの器官を構成している．細胞は皮膚や筋肉の細胞のように形や大きさもいろいろあり，大きいものは卵や神経細胞，小さいものは赤血球などであるが，細胞の種類は200以上といわれている．では一体どれくらいの数の細胞があるのだろうか．この数は約37兆個といわれている．

ところで，ヒトの体の細胞はいつも一定とは限らない．赤血球は約120日という寿命があるように，体の多くの細胞は細胞死（アポトーシスという）するが，同時に新しく幹細胞（血液の場合は骨髄の中にある造血幹細胞）が分裂増殖してつくられている．体の中で，細胞は常に誕生と死を同時進行させながら全体の細胞の数が保たれているのである．このように気の遠くなるような数の細胞も，もとをたどれば精子と卵が受精したたった一つの受精卵から始まっているのである．

2．細胞にはさまざまな構造がある

1）すべての生物は細胞でできている

すべての生物は細胞を基本として成り立っているが，その形や大きさはさまざまである（**図Ⅱ-1-10**）．ヒトのように，約37兆個の細胞からなる動物では，それぞれ，その役割に適した形と大きさで，生命活動を行っている．しかし，全く異なるようにみえる細胞でも，基本的な構造やそれをつくる化学物質は，すべての生物の細胞に共通する（**表Ⅱ-1-3**）．

細胞の核と細胞質を**原形質**という．細胞質にはさまざまな構造体が存在するが，構造体以外の部分を細胞質基質という．

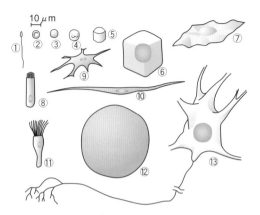

図Ⅱ-1-10　さまざまなヒトの細胞（現代の組織学[3]より）
①精子，②赤血球，③リンパ球，④白血球，⑤尿細管の上皮細胞，⑥幹細胞，⑦腹膜の上皮細胞，⑧腸の上皮細胞，⑨細網細胞，⑩平滑筋細胞，⑪気管の上皮細胞，⑫脂肪細胞，⑬神経細胞

表Ⅱ-1-3　動物細胞の構造

名　称	組　成	機　能
細胞膜	脂質二重層とそこに埋め込まれたタンパク質	細胞内外への分子の選択的透過
核	核膜に包まれた核質，染色質ならびに核小体	遺伝情報の保持，情報分子の受容
核小体	染色質，RNAならびにタンパク質の凝集した領域	リボソームの形成
リボソーム	二つのサブユニットからなるタンパク質とRNA	タンパク質の合成
小胞体	膜でできた袋と管	タンパク質や脂質などの合成と修飾，小胞形成による輸送
粗面小胞体	リボソームが付着している	タンパク質の合成
滑面小胞体	リボソームをもたない	脂質合成，カルシウムの貯蔵など
ゴルジ体	膜でできた袋が積み重なる	酵素やホルモンの加工，分泌
リソソーム	加水分解酵素をもった小胞	細胞内消化
ミトコンドリア	クリステのある内膜と外膜	ATPの産生
細胞骨格	微小管，中間径フィラメント，アクチンフィラメント	細胞の形の決定，細胞内の物質輸送，細胞小器官の運動

2）原核細胞と真核細胞

　生物をつくる細胞は，その形態から，**真核細胞**と**原核細胞**に分けられる．真核細胞は核膜に囲まれた**核**をもち，細胞質には**細胞小器官**とよばれる多くの構造体がある（**図Ⅱ-1-11**）．一方，原核細胞は核膜がなく，細胞内の構造も真核細胞に比べると簡単である（**図Ⅱ-1-12**）．細菌類やラン藻類は原核細胞であるが，それ以外の多くの生物は真核細胞である．

263-00580

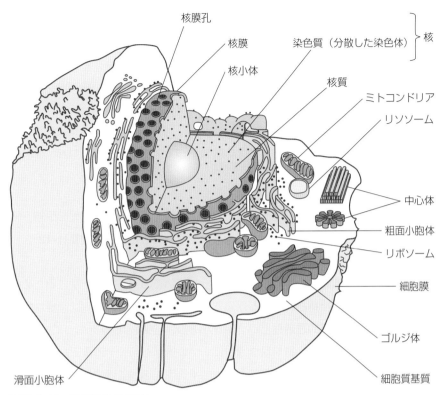

図Ⅱ-1-11　真核生物の細胞
細胞には核があり，細胞小器官とよばれる多くの構造体がある

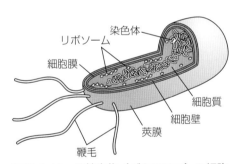

図Ⅱ-1-12　原核生物（バクテリア）の細胞
細胞は核膜がなく，細胞内には細胞小器官が存在しない．細胞膜の外側は多糖類でできた莢膜で包まれて
おり，鞭毛で運動できる

3）細胞をつくる膜

　電子顕微鏡で細胞を観察すると，ほとんどの構造体が膜によってできている
ことがわかる．この膜を**生体膜**というが，光学顕微鏡の分解能以下の厚さ（7～
10nm）であったので，電子顕微鏡によって初めて構造が確認された．

　生体膜は，主にタンパク質とリン脂質からできている．リン脂質が二層になって
向かい合う中に，タンパク質が埋まった構造をしている．タンパク質は膜の中を動
くことができる．膜タンパク質の中には，糖をつけた糖タンパク質があり，細胞の
識別に役立っている．

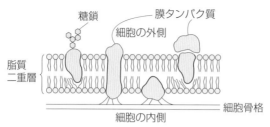

図Ⅱ-1-13 細胞膜の模式図（新版 細胞生物学[7]より）

脂質の二重層でできた細胞膜には，さまざまな働きをするタンパク質が埋まっている．膜タンパク質は膜の中を移動することができる．糖鎖は細胞接着や情報分子の受容に働く[*]

[*]細胞骨格が膜タンパク質と連絡する

　膜タンパク質は，細胞膜が行う物質の取り入れや排出，情報の受容，細胞どうしの接着などの生命活動に，中心的な役割を果たしている（**図Ⅱ-1-13**）．

4）細胞は細胞膜で囲まれている

　細胞は**細胞膜**によって外界と区切られているので，細胞が生きるために細胞膜の構造と働きが維持されることが必要である．細胞膜には細胞に必要な物質の出入りを調節する**選択的透過性**という働きがあり，半透膜の性質をもっている．半透膜は，水は自由に通すが，糖や塩は通しにくい性質がある．半透膜でしきられた一方に水を，もう一方に溶液を入れると，水は半透膜を通って溶液側に浸透するが，この浸透を止めるのに必要な圧力を**浸透圧**という．

　細胞を溶液中に入れたとき，細胞の内外の水の出入りが見かけ上ない場合，この溶液を等張液という．等張液を食塩水でつくったものを**生理食塩水**といい，ヒトでは濃度 0.9％である．等張液より塩濃度が高い溶液を高張液といい，細胞の水が外部の溶液に移動する．逆に外から水が細胞に入るようなときは，低張液という．

細胞の活動と浸透圧

　ヒトの赤血球を等張液に入れても，その形は変化しない．これは，赤血球に入る水と出る水が，ほぼ等しいからである．しかし，高張液に入れると，赤血球から出る水の方が多いので，赤血球は収縮してしまう．逆に，低張液に入れると，赤血球に入る水の方が多いので，だんだん膨らんでいき，やがて破裂して中のヘモグロビンが出てしまう．これを溶血という．これらの現象は，浸透圧によるものである．ナメクジに塩をかけると，小さく縮んでしまうのも，浸透圧が原因である．

　単細胞生物のゾウリムシなどでは，外液の塩濃度を変えても，細胞内に入る水を排出し，細胞内の浸透圧を一定にする収縮胞という細

胞小器官があるので，赤血球のように収縮したり，破裂することはない．

　多細胞動物の個々の細胞には，収縮胞のような細胞小器官はないが，哺乳類などでは，腎臓が体液の浸透圧を一定に保つ働きをしている．したがって，腎臓に障害があり，体液の浸透圧の調節が正常にできないと健康が損なわれ，場合によっては生命の危険に陥る．

　植物では，細胞の周囲に堅い壁（細胞壁）があるが，「青菜に塩」というように，植物の組織を高張液に入れると，急速にしおれてしまう．漬物は，こうした現象を利用したものである．

3 細胞内には細胞小器官がある

　真核細胞には細胞膜に囲まれた細胞質の中にさまざまな構造体が存在する．一見乱雑に存在しているようであるが，それぞれの構造体は機能的に働きやすい形をして，効率のよい場所に存在している．

1. 核には染色質と核小体がある

　細胞の中央にあり，二重の生体膜に囲まれた球状の構造をしている．この膜にはところどころに核膜孔があり，物質の通り道になっている．

　核の中には**染色質（クロマチン）**と**核小体**がある．染色質はヒストン（タンパク質）にDNAが巻きついた**ヌクレオソーム**で構成される（**図Ⅱ-1-7**）．染色質は細胞分裂が始まると凝集して太く短くなり，**染色体（クロモソーム）**となる．核小体は，光学顕微鏡では光った粒子として観察されるが，ここではrRNAを主成分とするリボソームがつくられる．

2. ミトコンドリアは化学エネルギーをつくる

　ミトコンドリアはすべての真核細胞にあり，2枚の生体膜（内膜と外膜）で包まれている．独自の遺伝子DNAをもち，エネルギー代謝に関係した機能をもつ．

　ミトコンドリアは内側の膜（内膜）が櫛の歯のように入り込んだ構造体で，生命活動のエネルギー源である**ATP（アデノシン三リン酸）**を，糖質（グルコース）を分解して生産する（**図Ⅱ-1-14**）．

　一方，植物の細胞にはエネルギー生産に関係した**葉緑体**という小器官がある．

　葉緑体は，2枚の生体膜で包まれ，中には生体膜でつくられたチラコイドが層をつくっている．葉緑体では**光合成**が行われ，光エネルギーを使って水と二酸化炭素を材料にしてデンプンが合成されているが，これが植物体を維持するエネルギーのもとになる．

図Ⅱ-1-14　ミトコンドリアで行われる化学反応

3. 小胞体，ゴルジ体，リソソーム

　いずれも1枚の生体膜でつくられた袋状の小器官で，相互に関係のある働きをしている．

　小胞体（ER）には，リボソームが付着した**粗面小胞体（rER）**と，付着していない**滑面小胞体（sER）**がある．粗面小胞体ではタンパク質合成が行われる．滑面小胞体では脂質の合成や分解が行われるので，脂質の活発な代謝活動をする肝臓

や副腎皮質などの細胞で発達している.

　ゴルジ体は，発見者の名前（C.Golgi）からつけられたもので，扁平な袋が重なった特有の構造をしている. ここでは，粗面小胞体で合成されたタンパク質に糖鎖を付加する加工作業をしており，できた糖タンパク質を小胞に詰め込んで細胞内に配送する. 一部の小胞（分泌小胞）は細胞膜で内容物を細胞外へ放出する（細胞の分泌活動）. 細胞内に発達した細胞骨格がこのような活動を支えている.

　リソソームは球状をしており，ゴルジ体でつくられる. 中にはタンパク質などの大きな分子を分解する多数の**加水分解酵素**が含まれている. 細胞が食作用（ファゴサイトーシス）で取り込んだ餌や異物，細胞内で不要になった物質などを食胞（ファゴソーム）にして分解（**細胞内消化**）する.

4. リボソームではタンパク質の合成が行われる

　粗面小胞体の上などに存在する粒子で，多数のタンパク質と rRNA からなり，大小二つのサブユニットでできている. ここでタンパク質の合成が行われる. リボソームは，バクテリア（70s）と真核細胞（80s）では大きさが異なる（sは**沈降係数**で分子の大きさを表す）.

5. 細胞骨格は細胞の形の維持や細胞運動を支える

　細胞は**細胞骨格**といわれる構造によって形が支えられている. 細胞骨格は，微小管，中間径フィラメント，アクチンフィラメントの3種類の線維性タンパク質でつくられている. 微小管はチューブリンという粒状のタンパク質が重なって管状になっている. 細胞分裂時にできる紡錘体，ニューロンの軸索，繊毛などには微小管が発達している. 細胞が運動するときにはアクチンフィラメントが細胞の変形を支えている. 中間径フィラメントは，細胞どうしの接着などに関係する.

4　細胞のさまざまな活動

　生物の活動は，すべて細胞の活動が基本になっている. 生物が行う生命活動は，細胞を構成する物質の合成，エネルギー（ATP）の産生，細胞運動，細胞同士の接着，物質の取り込みと排出，細胞分裂による増殖などの活動によって支えられている.

1. 酵素は生体触媒である

　細胞は，物質の合成・分解・転換などの化学反応を絶えず行って，生命を維持しているが，通常の化学実験などで行われる反応とは異なり，穏やかな温度で円滑に行われる.

　物質が化学反応を起こすためには，**活性化エネルギー**とよばれる反応エネルギー

263-00580

が必要だが，触媒（自身は反応の前後で変化しない物質）が存在すると活性化エネルギーが少なくて済む．

　工業などの分野では主に金属の触媒が用いられるが，細胞では**酵素**が触媒の役割を果たすので，**生体触媒**といわれる．酵素の主体はタンパク質である．水溶性ビタミンなどの酵素の働きを補助する**補酵素**を必要とする酵素も存在する．

　酵素が作用する物質を**基質**というが，酵素にはある特定の基質のみを触媒する性質があり，これを**基質特異性**という．したがって，細胞内には非常に多数の酵素が存在する．酵素の働きは，温度，pH，酵素の濃度などによって影響を受けるので，酵素にはそれぞれ最も働きが活発なpH（最適pH），温度（最適温度）がある．これは酵素がタンパク質であるために，その立体構造の変化が働きに関係するからである（**図Ⅱ-1-15，16**）．

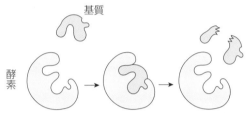

図Ⅱ-1-15　酵素と基質の関係（生物学と人間[5]より）
基質と酵素とはカギとカギ穴のような関係になっている．基質が作用を受けると，酵素から離れる．
酵素は触媒の働きをするので，反応の前と後では変化しない

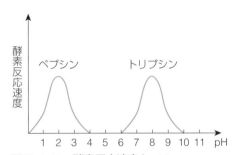

図Ⅱ-1-16　酵素反応速度とpH
同じタンパク質を分解する酵素でも，ペプシンとトリプシンでは，反応に最適なpHが異なる

1）酵素は細胞内でさまざまな化学反応を行う

　生体内ではさまざまな化学反応によって，生命活動が支えられ維持されている．化学反応を担うのは酵素である．生物の体内で，物質が化学反応によって変化することを**代謝**という．生物が体に取り入れた物質から，タンパク質や核酸など体の成分をつくり出す働きを**同化**という．一方，取り込んだ物質や同化された物質を分解する働きを**異化**という．たとえば，ヒトは摂取した食物を消化器官の消化酵素で分解するが，これは異化である．一方，食物のタンパク質を分解して得たアミノ酸を使って筋肉など体の成分をつくるのは同化である．生物のエネルギー源になる糖質を，細胞内で二酸化炭素と水などの無機物にまで分解する反応（**呼吸**）は，異化の代表的な例である（**図Ⅱ-1-17**）．

酵素の名前は働きかける基質によって決められる
タンパク質（プロテイン）
→プロテアーゼ
脂質（リピド）
→リパーゼ
セルロース
→セルラーゼ
リボ核酸
→リボヌクレアーゼ

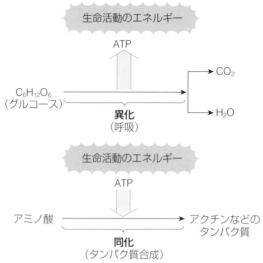

図Ⅱ-1-17 同化と異化

動物は呼吸によってグルコース（$C_6H_{12}O_6$）を分解（異化）して生命活動のエネルギー (ATP) を得る．
消化管から吸収したアミノ酸をエネルギー (ATP) を使ってタンパク質を合成（同化）している

2．ATP（アデノシン三リン酸）

生物が行う運動や分裂などの生命活動は，さまざまな分子の化学反応によって行われている．生体内で化学反応を行うためのエネルギー源はATP（**図Ⅱ-1-18**）である．

1 mol の ATP を加水分解すると，1 mol の ADP とリン酸に分解されるが，そのとき約 7.3kcal の自由エネルギーが放出される．このようにエネルギーを発生する反応を**発エルゴン反応**という．

$$ATP + H_2O \longrightarrow ADP + リン酸（Pi）+ 7.3kcal$$

多くの化学反応はエネルギーを必要とするので，**吸エルゴン反応**とよばれ，エネ

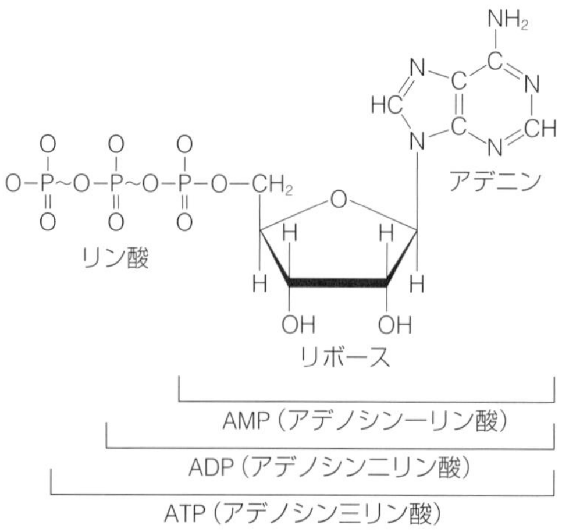

> **エルゴン**
>
> エルゴン (ergon) はギリシャ語で「仕事」という意味である．エネルギー (energon) は「仕事をさせる」という意味になる．したがって発エルゴン反応は，「エネルギーを放出して仕事をさせる反応」ということになる．

図Ⅱ-1-18 ATP の構造

〜の部分を高エネルギーリン酸結合といい，多くのエネルギーが蓄えられている

263-00580

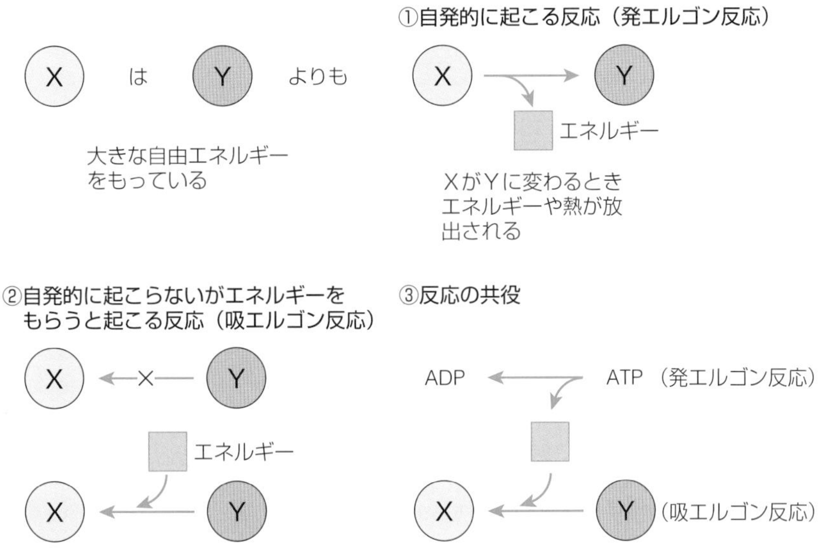
①自発的に起こる反応（発エルゴン反応）
X
は
Y
よりも
大きな自由エネルギー
をもっている
X
Y
エネルギー
XがYに変わるとき
エネルギーや熱が放
出される
②自発的に起こらないがエネルギーを
もらうと起こる反応（吸エルゴン反応）
X
Y
エネルギー
X
Y
③反応の共役
ADP
ATP （発エルゴン反応）
X
Y
（吸エルゴン反応）
図Ⅱ-1-19　化学反応とエネルギー

ルギーを与えられないと反応が自発的に起こることはない．しかし，エネルギーを発生させるATPの分解が同時に起こると，そのエネルギーをもらって反応を進めることができる．これを化学反応の**共役**という（**図Ⅱ-1-19**）．ATPはリン酸の加水分解でエネルギーを発生させるが，このような化合物を**高エネルギーリン酸化合物**といい，ATPのほかにGTP，クレアチンリン酸などがある．

3．細胞呼吸

細胞は，**呼吸**という一連の化学反応で，ATPをつくり出して（合成して）いる（**表Ⅱ-1-4**）．一般に呼吸というと，肺で行われる酸素と二酸化炭素のガス交換を指すが，これは**外呼吸**という．体内で行われる血液と細胞（組織）との間のガス交換を**内呼吸**（**細胞呼吸**）といい（**図Ⅱ-1-20**），細胞が酸素を取り込んで有機物を分解して（その結果，二酸化炭素と水ができる），ATPを合成する．

細胞呼吸には，**嫌気呼吸**と**好気呼吸**がある．

1）嫌気呼吸

嫌気呼吸は酸素を必要としない反応で，細菌などが行う．酵母菌が行うアルコール発酵や，乳酸菌が行う乳酸発酵は嫌気呼吸である．

表Ⅱ-1-4　細胞呼吸の全体像

経路の名称	結　果
解糖系	基質からHを取り除き，2ATPを産生
移行反応	基質からHを取り除き，$2CO_2$を放出
クエン酸回路	基質からHを取り除き，$4CO_2$を放出　2回転で2ATPを産生
電子伝達系	Hをほかの経路から受け取り，電子をO_2に渡してH_2Oをつくり，34ATPを産生

263-00580

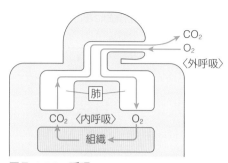

図Ⅱ-1-20　呼吸
外呼吸と内呼吸が行われる

　アルコール発酵の場合，1分子のグルコース（ブドウ糖；$C_6H_{12}O_6$）が，エタノール（C_2H_5OH）と二酸化炭素（CO_2）に分解される過程で，エネルギーが放出され，2分子の ATP が合成される．

$$C_6H_{12}O_6 \longrightarrow 2C_2H_5OH + 2CO_2 + 2ATP$$

2）好気呼吸

　好気呼吸（**図Ⅱ-1-21**）は酸素を用いる反応で，主に真核細胞が行う．1分子のグルコースが酸化して，水と二酸化炭素に分解される過程で生じるエネルギーを用いて，38分子の ATP が合成される．

$$C_6H_{12}O_6 + 6O_2 + 6H_2O \longrightarrow 6CO_2 + 12H_2O + 38ATP$$

この過程は三つの連続する反応経路からなる．

（1）解糖系

　1分子のグルコースがさまざまな酵素反応を経て2分子のピルビン酸（$C_3H_4O_3$）

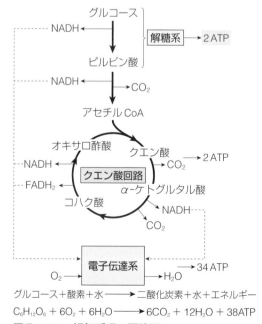

グルコース＋酸素＋水 $\longrightarrow$ 二酸化炭素＋水＋エネルギー
$C_6H_{12}O_6 + 6O_2 + 6H_2O \longrightarrow 6CO_2 + 12H_2O + 38ATP$

図Ⅱ-1-21　好気呼吸の概略図
解糖系は細胞質基質で，クエン酸回路と電子伝達系の反応はミトコンドリアで行われる

に分解されるまでを**解糖系**という．この過程は**細胞質基質**で行われ，2分子のATPが合成されるが，酸素は必要としない．また，脱水素酵素によって水素が奪われて還元物（NADH）ができる．

（2）クエン酸回路

ピルビン酸はミトコンドリアの中に入り二酸化炭素を離してアセチルCoAになる．アセチルCoAはオキサロ酢酸と結合し，クエン酸となる．

クエン酸は多くの反応を経てオキサロ酢酸に戻るので，反応系は回路をつくる．これを**クエン酸回路**という．

この過程で，ピルビン酸は二酸化炭素と水にまで分解されて2分子のATPが合成される．また，脱水素酵素によって水素が奪われて還元物（NADH，$FADH_2$）ができる．この過程は**ミトコンドリア**の基質（マトリックス）で行われる．

（3）電子伝達系

解糖系とクエン酸回路でつくられた還元物（NADH，$FADH_2$）は，ミトコンドリアの内膜で酸化されて水になるが，この過程で水素の酸化によるエネルギーが放出されて34分子のATPが合成される．これを**電子伝達系**といい，好気呼吸のなかで最も多くのATPが合成される過程である．

4. 運動

1）動物には発達した筋肉がある

哺乳動物には発達した筋肉があり，活発な運動が可能であるが，多量のエネルギーを必要とする．

骨格筋は，アクチンフィラメントとミオシンフィラメントという2種類のタンパク質で構成された筋原線維からできている．神経から刺激が伝わると，アクチンフィラメントがミオシンフィラメントの中に滑り込むので筋肉は収縮する．筋肉の両端は骨格に付着しているので，関節が曲げられ，運動することが可能になる．

筋収縮にはATPのエネルギーが必要である．筋細胞にはATPとクレアチンリン酸が大量にあるので，持続した運動が可能である（**図Ⅱ-1-22**）．

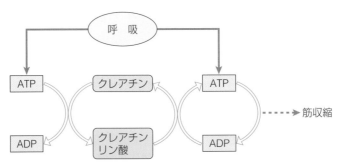

図Ⅱ-1-22　筋肉のエネルギー代謝

2）繊毛・鞭毛運動

哺乳動物の気管支の粘膜上皮細胞には**繊毛**があり，異物や死んだ細胞を体外に送り出す運動をしている．また，精子の尾部には長い**鞭毛**があり，前進運動をする．

繊毛や鞭毛の内部は，微小管が組み合わさった構造をしているが，これらの活動には ATP が必要である．

5. 分泌

細胞はさまざまな物質（ホルモン，酵素，神経伝達物質，汗，唾液など）をつくり，分泌活動をする．唾液や汗のように，導管を通じて体外へ排出する活動を**外分泌**という．ホルモンは，細胞から直接血液や体液へ放出されるので**内分泌**という．インスリンなどのタンパク質のホルモンは，粗面小胞体でタンパク質が合成された後，ゴルジ体で糖鎖が修飾されて小胞に詰め込まれた分泌顆粒となり，血中に放出される（**図Ⅱ-1-23**）．

細胞内で合成した物質を放出する活動を**エキソサイトーシス**（**開口分泌**）といい，細胞外の物質を取り込む活動を**エンドサイトーシス**や**ファゴサイトーシス**（**食細胞活動**）といい，物質はファゴソーム（食胞）で細胞内消化される．細胞内の物質をリサイクルするための活動をオートファジーという．

6. 情報伝達

細胞の周囲にはさまざまな情報を担った分子が流れてくる．情報を担った分子を受容した細胞は，活動が活発になったり，抑制されたり，さまざまな変化を引き起こす．

1）細胞は互いにシグナルを交換する

多細胞生物では，膨大な数の細胞が調和のとれた生命活動をするために，細胞間での情報交換が重要である．ある細胞（シグナル発信細胞）が特定の情報を担った

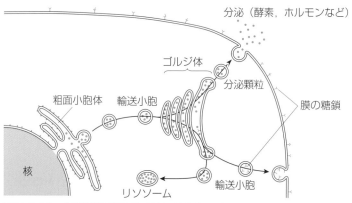

図Ⅱ-1-23　分泌顆粒の形成（機能形態学[6]より）
粗面小胞体で合成されたタンパク質は，輸送小胞でゴルジ体に移動する．ゴルジ体では，タンパク質に糖鎖の修飾が行われ，輸送小胞にパッケージされた分泌顆粒となって，細胞外に分泌される

263-00580

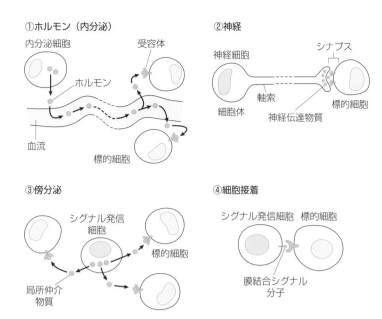

①ホルモン（内分泌）
内分泌細胞
受容体
ホルモン
血流
標的細胞

②神経
神経細胞
シナプス
軸索
細胞体
標的細胞
神経伝達物質

③傍分泌
シグナル発信
細胞
標的細胞
局所仲介
物質

④細胞接着
シグナル発信細胞　標的細胞
膜結合シグナル
分子

図Ⅱ-1-24　動物細胞におけるシグナル伝達系（Essential 細胞生物学 [4] より）

分子（シグナル分子）を血液や組織液に分泌すると，目標とする細胞（標的細胞）がその分子を受容し，細胞の活動に変化が起こる．こうした情報伝達に関わる一連の反応経路を**シグナル伝達系**という．哺乳動物では，①ホルモン，②神経，③傍分泌，④細胞接着の四つの形式によってシグナルの伝達を行っている（**図Ⅱ-1-24**）.

2）受容体が情報分子を受け取る

受容体はタンパク質でつくられていて，多くは細胞膜にあり，アンテナのように情報を受け取る役割をしている．

受容体に**シグナル分子**が結合すると，膜の内側で反応が起こり細胞の活動が変化する．細胞の中では数種類のシグナル伝達反応が起こり，最終的には核内の遺伝子の発現に変化を与える．このような結果，細胞運動，分泌，分裂などの活動が調節される．

クローン動物は双子ちゃん？

　カエルは昔から動物発生の実験材料として使われてきたが，カエルの受精卵の核を抜いて別のカエルの腸の細胞からとった核を移植するという実験が行われた．その結果，核移植した卵のいくつかが正常に発生してカエルになった．子どもは卵に関係なく移植された腸の細胞の遺伝子だけでできている．これが最初の実験的なクローン動物（クローンカエル）の誕生であった．

　哺乳類では，受精卵の核を抜いてほかの体細胞の核を移植するところは同じだが，卵はもう一度母親の胎内に戻してやる必要がある．このとき，借り腹とか代理母とよばれるように卵の提供者でない者でも母親になれる．クローンとは遺伝的に同じという意味だが，では誰と同じなのか．生まれた子は卵の提供者（母親）とは遺伝的に全くつながりがなく，また子宮を貸した女性とも関係がなく，核を提供した者とだけにつながりがある．つまり，核の提供者とだけ全く同じ双子（クローン）なのだ．もちろん人間にこの技術を応用することは許されていない．

2 細胞の一生と個体の成り立ち

1 細胞の一生

　哺乳動物では，精子と卵が合体してできた1個の細胞（受精卵）が，分裂を繰り返して数十兆個の細胞からなる個体（多細胞体）をつくる．分裂してできた細胞は，それぞれの役割に応じた形に分化して，組織や器官をつくり活動するが，やがて老化し，死を迎える.

1. 細胞は分裂して増える

　細胞は，分裂という現象によって，その数を増やす．細胞分裂には**体細胞分裂と減数分裂**がある．体を構成する細胞は**体細胞**といい，体細胞分裂によって増える．一方，**精子と卵**は**生殖細胞**といい，体細胞とは異なり，減数分裂によってつくられる.

　分裂する前の細胞を母細胞といい，分裂してできた2個の細胞を娘細胞という．この娘細胞は成熟して母細胞となり，再び分裂をする．このようにして，細胞は分裂を繰り返し，増殖する（**図Ⅱ-2-1**）.

1）核分裂と細胞質分裂

　例えばヒトの造血幹細胞（赤血球や白血球のもととなる細胞）は骨髄で常に新しくつくられており，体細胞分裂が活発に起こっている．体細胞分裂ではまず**核分裂**が起こり，核が二つに分かれた後で，引き続き細胞質が二つに分かれる**細胞質分裂**が起こる.

263-00580

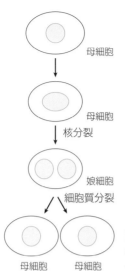

図Ⅱ-2-1 核分裂と細胞質分裂
核分裂する過程で，染色体が太く短くなり，やがて両極に分かれていく（前期〜終期）. 核が二つに分裂した後に細胞質分裂が起こる

母細胞

母細胞

核分裂

娘細胞

細胞質分裂

母細胞　　母細胞

（1）核が二つに分裂する

　核には**染色体**がありその中には**遺伝子**があるので，核が二つになるときに染色体も同じものをつくって二つに分ける必要がある.

　核内に分散していた染色体は凝集して，次第に太く短くなってはっきりと観察されるようになる. この時期を**前期**といい，微小管でできた紡錘糸が形成されるとともに，核膜・核小体が消失する. 続く**中期**では，染色体は細胞の中央部（赤道面）に並ぶ. 各染色体には縦の裂け目があって染色体の分離が可能である. **後期**に入ると，各染色体は動原体とよばれる部分で結合した紡錘糸に引かれて縦に二つに分かれ，両極に移動する. **終期**には，両極に集まった染色体が再び分散し，核膜と核小体が現れて2個の新しい核ができる.

　このように核分裂は，染色体の動きによって前期・中期・後期・終期の4段階に分けられる（**図Ⅱ-2-2**）.

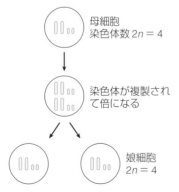

母細胞
染色体数 2n = 4

染色体が複製され
て倍になる

娘細胞
2n = 4

図Ⅱ-2-2　体細胞分裂
体細胞分裂では，母細胞の染色体（遺伝子）はそのまま娘細胞に受け継がれる

（2）細胞質が二つに分裂する

　核分裂が終了した直後の細胞は，1個の細胞の中に2個の核が存在するので，2個の核の間がくびれるように二分される**細胞質分裂**が行われる.

2. 染色体の数と複製

1）2本ずつ対になって存在する染色体を相同染色体という

体細胞の染色体は，大きさと形が同じ染色体が2本ずつ対になって存在している．このように，大きさ，形が等しく，対になる染色体を**相同染色体**という．

2）ヒトの染色体の数は46本である

体細胞1個にある染色体の数は生物の種ごとに決まっていて，ヒトは46本である．この数を2nと表すので，ヒトでは**2n = 46**と表される．精子と卵の生殖細胞には23本の染色体しかないので，nと表される．ヒトの体の細胞は精子と卵の合体（受精）によってつくられるので，精子（n）＋卵（n）＝2nになるのである．相同染色体の一つが父方から，もう一つは母方から受け継がれたものである．

3）細胞が分裂するときにDNAが合成される

細胞の分裂から次の分裂までの間の時期を**間期**（中間期）というが，この時期に染色体が**複製**される．染色体はDNAとヒストンでできているので，これらが複製されて2倍になり，二つの娘細胞に均等に分配される．この結果，DNAに含まれる遺伝子は新しくできた娘細胞と母細胞で全く同じになる．このように体細胞分裂でできる細胞は，すべて遺伝的に同じである．

間期は，DNA合成準備期（G$_1$期），DNA合成期（S期），分裂準備期（G$_2$期）に分けられる．分裂期（M期）から次の分裂期までを**細胞周期**といい，図のように示される（**図Ⅱ-2-3**）．

細胞周期のサイクルが1回転するたびに，細胞の数は倍化して増殖していく．増殖は，分裂を制御するタンパク質（サイクリン，サイクリン依存性キナーゼ）によって調節されている．

分裂を終えた細胞は，それぞれの目的に応じた遺伝子を働かせて個性化（分化）し，ほとんどの場合，分裂能力を失う．このように細胞分裂をしない状態を，G$_0$期という．

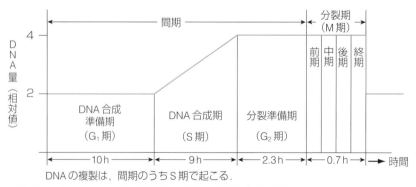

DNAの複製は，間期のうちS期で起こる．

図Ⅱ-2-3　細胞周期における体細胞分裂のDNA量の変化
活発に細胞分裂する細胞は，核酸やタンパク質を合成するための準備期間（G$_1$期→S期→G$_2$期）を経て分裂（M期）する

263-00580

3. 役割を終えた細胞は死を迎える

　細胞が生命活動を終えて構造が壊れることを**細胞死**という．ヒトの体をつくる細胞の多くは，寿命が尽きるとか，ウイルスに感染するなどの原因で細胞死するとともに，死んだ分だけが新しい細胞に置き換えられている．このように，生命活動を維持するために不要となった細胞を自発的に細胞死させて除去することを，**アポトーシス**という．アポトーシスした細胞は，小さな断片（アポトーシス小体）となって**マクロファージ**により貪食され除去される．

　生物は発生の過程で，その生物に合った形づくり（**形態形成**）をする．このような例として，「オタマジャクシの尾が吸収される」，「ヒトの指は間の組織が分解・吸収されることで完成する」などがある．このように不要な細胞を除きながら起こる形づくりは，すべて遺伝子によってプログラムされたアポトーシスであるので，**プログラム細胞死**ともよばれる．プログラム細胞死が決められたとおりに進行しないと形態異常になる．例として，歯科の分野では，口蓋裂が知られている．

　一方，細胞が火傷や虚血などによって細胞死する場合は，病的な細胞死で**ネクローシス**という．ネクローシスは壊死ともいわれ，細胞死によって周辺組織に傷害（炎症反応）が起こるのが特徴である（**図Ⅱ-2-4**）．壊死は傷害・虚血などが原因となる．

マクロファージ（大食細胞）
白血球の一種で細菌や死滅した組織の断片などを取り込んで（貪食）処理する働きをする．

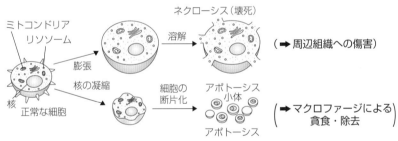

図Ⅱ-2-4　アポトーシスとネクローシスの形態的な違い（新版細胞生物学[7]より）

---

2 単細胞生物と多細胞生物

　現在地球上には膨大な数の生物が生存しているが，個体の成り立ち方で分けると，単細胞生物と多細胞生物に分けられる．

1. 単細胞生物

　単細胞生物は生涯を通じて一つの細胞で生活する生物である．原核生物の細菌や真核生物の酵母菌やゾウリムシ，アメーバなどである．単細胞生物は，多くの細胞小器官をもち，複雑な構造をしているものが多い．たとえば，ゾウリムシは，大核，

小核，細胞口，細胞咽頭，食胞，収縮胞，繊毛などをもち，吸収，消化，排出，生殖，運動など，多様な生命活動を行っている（**図Ⅱ-2-5**）．

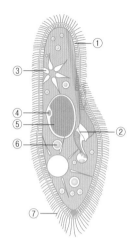

図Ⅱ-2-5　ゾウリムシ
ゾウリムシの細胞には多細胞生物にはみられないさまざまな独特の細胞小器官が存在する．（①外質，②細胞口，③収縮胞，④小核，⑤大核，⑥食胞，⑦繊毛）

2. 多細胞生物は分化した細胞の集団

多くの生物の個体は複数の細胞でできた**多細胞体**である．多細胞生物の細胞は，細胞の集団ごとにさまざまな形態や働きをもつように個性化して，それぞれの役割を分担している．これを**細胞の分化**という．同じ形や機能をもつ細胞の集団を**組織**という．さらに複数の組織が集まってまとまりのある働きを担う**器官**をつくり，複数の器官が共同して調和した機能をもつ**器官系**を構成し，個体として統一がとれた生命活動が行われる．

3　ヒトの組織は大きく分けて4種類ある

ヒトの体をつくる組織は，**上皮組織**，**結合組織**，**筋組織**，**神経組織**の四つに大別されている（**図Ⅱ-2-6**）．これらの組織が組み合わされて，消化器官として胃や小腸，呼吸器官として肺，循環器官として心臓などの多くの**器官**がつくられている．

1. 上皮組織

動物体の表面にあって外界と接し，内部環境をつくる役割をもった組織である．体表や口腔，消化管，気管などの内腔の表面を覆う組織は，上皮細胞が1層ないし数層重なって形成されている．細胞は密着し間質は少ない．細胞が1層の場合，**単層上皮**といい，複数のときは，**重層上皮**という．また，細胞の形から，扁平上皮，円柱上皮などと区別し，単層円柱上皮（例：小腸の粘膜），重層扁平上皮（例：表皮）などという．また，鼻腔，気管などの上皮細胞には繊毛があるので，**繊毛上皮**という．分泌物を生産する組織を**腺上皮**という．汗腺や消化腺などは，分泌物を導管を

263-00580

などが複雑に結合した有機物でできている.

体にはタンパク質, 糖質, 脂質の**三大栄養素**がエネルギーと細胞をつくる基本的な材料となる. これに加えて, 必須栄養素（必須アミノ酸, 必須脂肪酸, ビタミン, 無機塩類）が必要である. これらの栄養素は, 食物を構成するタンパク質, 糖質, 脂質などの大きな化合物を, その構成単位であるアミノ酸, 単糖類, 脂肪酸にまで分解することで得られる.

1）消化管

口腔は, 食物を咀嚼する器官で, 歯, 舌, 唾液腺がある. 咽頭は口腔と食道の間の膨らんだ部分で, 食道の蠕動運動によって食物を胃に送る. 胃では食物を一時的に蓄え, ペプシン, 胃酸が分泌される. 小腸は消化と吸収を行う器官で, 十二指腸, 空腸, 回腸に分けられる. 小腸には, 膵臓からさまざまな消化酵素が分泌される（**表Ⅱ-2-1**）. 大腸は, 盲腸, 結腸, 直腸があり, 主に水分の吸収を行っている. 消化管で吸収されなかった食物残渣は大便となり, 肛門より排出される*.

表Ⅱ-2-1　主要な消化酵素

食物	消化過程	酵素	最適pH	産生臓器	作用臓器
デンプン	デンプン+H_2O→マルトース	唾液アミラーゼ	中性	唾液腺	口腔
	デンプン+H_2O→マルトース	膵アミラーゼ	塩基性	膵臓	小腸
	マルトース+H_2O→グルコース+グルコース	マルターゼ	塩基性	小腸	小腸
タンパク質	タンパク質+H_2O→ペプチド	ペプシン	酸性	胃腺	胃
	タンパク質+H_2O→ペプチド	トリプシン	塩基性	膵臓	小腸
	ペプチド+H_2O→アミノ酸	ペプチダーゼ	塩基性	小腸	小腸
核酸	RNAまたはDNA+H_2O→ヌクレオチド	ヌクレアーゼ	塩基性	膵臓	小腸
	ヌクレオチド+H_2O→塩基+リン酸	ヌクレオシダーゼ	塩基性	小腸	小腸
脂肪	脂肪滴+H_2O→グリセロール+脂肪酸	リパーゼ	塩基性	膵臓	小腸

2）消化腺

（1）肝臓

肝臓は, 腹部の上部に位置し, ヒトでは最大の器官でさまざまな働きを行っている. 消化管から心臓に戻る血管は, 一度肝臓を通るが, これを**肝門脈**という. 消化管で吸収した栄養分（有機物）などの一部は, 肝臓に蓄えられる（たとえば, 血中の余分なグルコースはグリコーゲンとして蓄えられる）.

肝臓でつくられた胆汁は, 胆管を通り, いったん胆嚢に蓄えられた後, 十二指腸に分泌される. 胆汁は消化酵素を含まないが, 脂質を乳化し, 消化を助ける.

また, 体に入った有害な物質や, 細胞の活動により生じた有害な物質を分解して無毒化し, 排出する作用があるが, これを**解毒作用**という. アミノ酸を分解すると有害なアンモニアができるが, 肝臓の細胞で**オルニチン回路**という代謝系によって尿素に変換される.

古くなった赤血球は肝臓で壊され, ヘモグロビンはビリルビンなどの色素になる.

（2）膵臓

膵臓は, 胃と十二指腸の間にある細長い器官で, 膵液を生産し, 導管を通して十二指腸に分泌している. 膵液には重炭酸ナトリウムが含まれており, 胃からきた

酸は中和される．膵液には，糖質，脂質，タンパク質を分解するさまざまな消化酵素が含まれ，小腸での有機物の分解，吸収を助けている．

　また，**膵島**（ランゲルハンス島）という内分泌細胞の塊が膵臓内に点在し，インスリン，グルカゴン，ソマトスタチンなどのホルモンを生産し，血液に分泌している．なお，膵島は膵臓全体の2％を占めるにすぎない．

2. 循環器官系

　体内のすべての細胞に，栄養素，酸素，抗体などをいきわたらせ，また細胞の活動で生じた二酸化炭素などの老廃物を体外に排出する器官系（**図Ⅱ-2-11, 12**）で，心臓，動脈，毛細血管，静脈，リンパ管などが，この働きを行っている．

　ヒトの心臓は2心房2心室で，洞房結節（ペースメーカー）の神経細胞が作り出すリズムで拍動し，全身に血液を送るポンプの役割を果たしている．血液は，左心室→大動脈→毛細血管→大静脈→右心房→右心室→肺動脈→肺→肺静脈→左心房→左心室の順に循環している．このうち，左心室から右心房までを**体循環**といい，右心室から左心房までを**肺循環**という．

　心臓から毛細血管まで血液を送る動脈の血管壁は，厚く丈夫にできている．一方，毛細血管から心臓まで血液を送る静脈の血管壁は薄く，腕などの静脈には逆流を防ぐ弁がある．

　リンパ液は，血管とは異なる管（リンパ管）を通り，胸管という太い管で血管（静脈）と合流する．

3. 呼吸器官系

　呼吸器官系は，血液中の二酸化炭素と，空気中の酸素を交換する（外呼吸）器官系である．空気中の酸素は，鼻腔，喉頭，気管，気管支を通って肺にいき，肺を流れる血液中の二酸化炭素とガス交換する．肺は左右に一対あるが，**肺胞**という多数

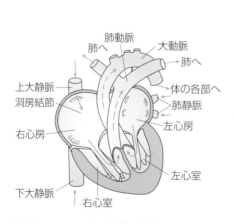

図Ⅱ-2-11　ヒトの心臓の構造

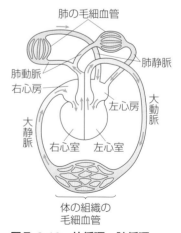

図Ⅱ-2-12　体循環・肺循環

263-00580

の小さな袋に分かれて，そこを通る網目状の毛細血管でのガス交換が，効率よく行われる構造になっている．

4．泌尿器官系

体内の細胞が行った活動で生じた老廃物を，尿として体外に排出する器官系で，腎臓，輸尿管，膀胱，尿道などがある．

1）腎臓は血液中の不用物質を濾過して尿をつくる

腎臓は，体の背側に左右一対存在し，尿を産生する器官である．腎臓の基本単位を**ネフロン**（腎単位）といい，腎臓1個あたり約100万個存在する．ネフロンは腎小体（マルピーギ小体）と尿細管からなる．腎小体は糸球体とボーマン嚢からなり，尿細管には毛細血管が網の目状に取り囲んでいる．糸球体からは，血球とタンパク質以外の血液の成分が，ボーマン嚢に濾過されて原尿となるが，水，糖類，塩分など，その99%は尿細管において毛細血管に再吸収され，残りが尿となって排出される．体液の浸透圧は，尿細管での水や塩分の再吸収量によって調節されている．浸透圧の変化は間脳の視床下部で関知され，浸透圧が上昇するとすぐ下にある脳下垂体からバソプレシンというホルモンが分泌されて，水の再吸収を促進する．体液の量は血圧にも大きく関係するので，腎臓の働きは血圧の維持にも関わっている．ヒトでは一日の原尿は約150lであるが，尿は約1.5lである．

2）膀胱

尿を一時的に蓄える場所である．筋肉でできており，伸縮に富む構造をしている．尿はここから尿道を通って体外に排泄される．

トカゲのしっぽは切れても再生しますが…

トカゲは敵に襲われたとき，しっぽを自切して敵を欺き逃げ出すことが知られている．切れてしまったしっぽはどうなるか．心配ご無用．また切れたところから新しく生えてくるのである．これが有名なトカゲのしっぽ切りと再生である．ヒトにはしっぽがないから比べようがないというかもしれないが，ヒトの手や足は切れてなくなると再生しない．高等な動物になるほど，失われた体の再生能力は低下していく．ヒトの体を少しでも再生させたいというのは夢であるが，手がかりはある．ヒトの体のうち肝臓はきわめて再生能力の高い臓器であるし，赤血球などは寿命が限られているので常に新しく再生されている．ではなぜ，再生できるのか．それは細胞が死ぬと新しく補充してくれる幹細胞という優れた能力の細胞があるからである．この幹細胞を使って，失われた臓器などの再生を目指すのが再生医療である．歯の場合は，間葉系幹細胞を使った試みが行われている．間葉系幹細胞が軟骨などになる条件はわかっているが，エナメル質をつくらせることはまだできていない．しかし，いつかはこのような細胞を移植して歯の再生治療が可能になると期待されている．

Ⅲ編

生命の連続

1　生殖によって子孫をつくる

1　生殖の方法

1．生殖によって生命は連続してきた

　生物が子孫の個体をつくることを**生殖**という．生物は次々と生殖を重ねることによって新しい個体をつくり生命を連続させていく．親の細胞がもとになって子の細胞ができるので，細胞から細胞（新しい生命）ができるという連続性がある．新しい生命には，親のさまざまな性質が受け継がれる．子が親の性質を受け継ぐことを**遺伝**といい，その性質は細胞核の染色体にある**遺伝子**（DNA）によって決定されている．DNAでできた染色体は生物によって数が決まっていてヒトの体細胞では46本（$2n = 46$）である．親の生殖母細胞は**減数分裂**によって染色体が23本の細胞（卵・精子）になる．そして，これらが受精して子ができる．つまり，ヒトでは核に24種類ある染色体とミトコンドリアにあるDNA（これをヒトの**ゲノム**という）が生殖によって親から子へと連続して伝えられるのである．

2．生殖には性のありなしが関係する

　生殖にはさまざまなものがある．細菌やアメーバのような単細胞生物は細胞が分裂して増える．多細胞生物でもイソギンチャクやプラナリアのように親の体の一部が分かれて増えるものがある．いずれの場合も子の細胞は親の細胞と全く同じで，このように一個体が分裂や出芽などで遺伝的な変化がなく増えることを**無性生殖**という．これに対して，ヒトなどの多くの多細胞生物では生殖のための特殊な細胞をつくり，これらを合体させて新しい個体をつくる．これを**有性生殖**といい，生殖のための細胞を**配偶子**という（**図Ⅲ-1-1**）．動物の配偶子は**卵**と**精子**である．雌がつ

263-00580

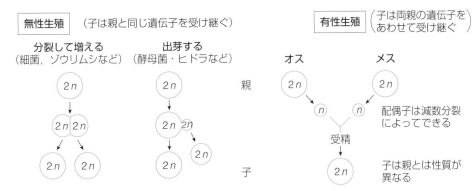

図Ⅲ-1-1 無性生殖と有性生殖

くる大きくて栄養分を蓄積した配偶子が卵，雄がつくる小さくて運動性をもつ配偶子を精子という．

3. 有性生殖は多様な子孫をつくることができる

　無性生殖と有性生殖を比較すると，増殖については無性生殖のほうが能率よく，適した環境のもとでは急激に増えることができる．しかし，子は親の完全なコピーであって遺伝的な性質は親と同じである（これを**クローン**という）．もしも環境が大きく変化するか新たな敵が現れたときに，生物の性質がそれらに適応できない場合は全滅することもある．

　一方，有性生殖では雄と雌が出会わなければ子孫をつくることができないので，無性生殖よりもずっと増殖は不利である．しかし，異なる遺伝的性質をもつ配偶子を出し合って子孫をつくるので，いずれの親とも異なる性質の子孫をつくることができる．親が環境の変化や病原体に対して弱い場合でも，子は親とは性質が変わっているので，そのなかには環境や病原体に対して親よりも強く適応して生き残る可能性をもつものもある．このように有性生殖は，無性生殖に比べてより性質が多様な子孫を残すことができるだけでなく，親から子へと少しずつ変化が蓄積することになる．このように性質の変化を少しずつ積み重ねることが生物進化の大きな要因になる．

2 減数分裂

1. 配偶子は減数分裂によってできる

　生物の種類によって染色体の数は決まっていて生殖のときに親から子へと受け継がれる．**減数分裂**は染色体数を半分にすることと，親の染色体の組み合わせを変えて配偶子に分配するために行われる（**図Ⅲ-1-2**）．子は配偶子どうしが合体（受精）してできるので，子が親と同じ染色体数を維持するためにそれぞれの配偶子は染色

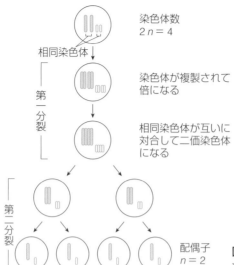

染色体数
$2n = 4$

染色体が複製されて
倍になる

相同染色体が互いに
対合して二価染色体
になる

相同染色体

第一分裂

第二分裂

配偶子
$n = 2$

図Ⅲ-1-2　減数分裂の過程と染色体の動き
減数分裂は第一分裂と第二分裂が連続している

表Ⅲ-1-1　体細胞分裂と減数分裂の比較

体細胞分裂	比較することがら	減数分裂
母細胞　2G → 2G　2G　娘細胞	ゲノム（G）の分配：ヒトではG（DNAの量）は23本の染色体になる	第一分裂　第二分裂　母細胞　2G → 2G → G　G　2G → G　G　娘細胞
1個の母細胞から2個の娘細胞ができる	形成される娘細胞	1個の母細胞から4個の娘細胞ができる
染色体数は変化しない（$2n → 2n$）	染色体数	染色体数は半数になる（$2n → n$）
相同染色体は対合しない	相同染色体	第一分裂で相同染色体が対合して二価染色体を形成する
体をつくる細胞（体細胞）が増えるとき	細胞	精原細胞からは4個の精細胞，卵原細胞からは1個の卵と3個の極体

体数が半分でなければならない．体細胞の分裂と異なって，減数分裂では第一分裂と第二分裂という2回の連続した細胞分裂が起こり，最終的にできる精子や卵の染色体数はもとの母細胞の半分になる（**表Ⅲ-1-1**）．

　第一分裂前期では形や大きさが同じ染色体（**相同染色体**）どうしが互いに接着する**対合**が起こる．このとき，染色体の一部分が入れ替わる乗換えということが起こるので，染色体の配置が組み換えられて子の遺伝的性質が変化する原因になる．第一分裂が終わると，細胞は二つに分かれるが，染色体は対合したままである．第二分裂は続いて起こるが，それぞれの細胞が体細胞分裂の場合と同じく分裂して二つ

263-00580

に分かれる．以上のような結果，減数分裂が終わると1個の母細胞から染色体数（2n
からnになる）が半分になった4個の娘細胞ができる．

2. 動物の配偶子形成

将来，卵や精子をつくる細胞は**始原生殖細胞**とよばれ，胎生期につくられ生殖巣
に定着するが，そこが卵巣であれば**卵原細胞**になり，精巣であれば**精原細胞**になる．

精原細胞は体細胞分裂によって増殖し，やがて**一次精母細胞**となり減数分裂（第
一分裂）を始めて**二次精母細胞**ができる．続く第二分裂で**精細胞**ができる．つまり，
1個の一次精母細胞から4個の精細胞ができる．精細胞はその後変形して，小型で
核と多数のミトコンドリアをもち尾部の鞭毛で活発に運動する**精子**になる．

卵巣の中では，卵原細胞が体細胞分裂して増えると栄養分を蓄えた**一次卵母細胞**
になる．やがて減数分裂（第一分裂）を行い1個の**二次卵母細胞**と1個の**極体**と
よばれる細胞ができる．続く第二分裂で卵と極体ができるので，結果的に1個の一
次卵母細胞から1個の**卵**と3個の極体ができることになる（**図Ⅲ-1-3**）．極体には
受精能力がなくやがて消失する．

ヒトの配偶子形成では，精子の形成は思春期以降活発に行われ，いつも新しい精
子がつくられる．女子の場合，新生児の段階で卵巣の一次卵母細胞は1個ずつ濾
胞という袋に包まれている．思春期になると，濾胞は1個ずつ成長して排卵のころ
減数分裂（第一分裂）が完了する．二次卵母細胞は精子が入って受精が成立する
と極体を放出して二次分裂を完了する（**図Ⅲ-1-4**）．

3. 配偶子はそれぞれが個性的である

これまでみてきたように，減数分裂は，細胞の染色体数を半分にして配偶子に分

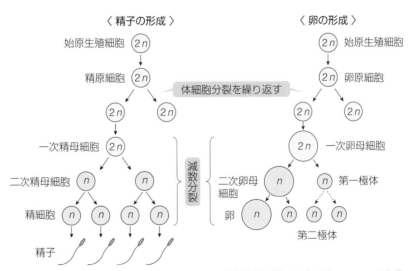

※2n は染色体の数でヒトでは 2n = 46 である

図Ⅲ-1-3 動物の生殖細胞（配偶子）ができるまで

配する作業であることがわかる．親の細胞にあるどの相同染色体を配偶子に分配するかは全く偶然に行われる．ヒトの細胞にある23対の染色体（体細胞には全部で46本ある）を減数分裂によって精子や卵に分配する組合わせは2^{23}（約840万）通りになる（**図Ⅲ-1-5**）．受精のときに雄と雌がそれぞれ違う配偶子を出し合うので，子では2×840万通りの組合わせになる．また減数分裂第一分裂時に染色体の部分的な再配置（乗換え）が起こるのでこの組合わせはさらに大きくなる．このように染色体のかき混ぜが起こり，一つずつの遺伝的性質が異なる配偶子（卵や精子）が非常に多く形成されることで有性生殖は多彩な子孫を残すことができるのである．

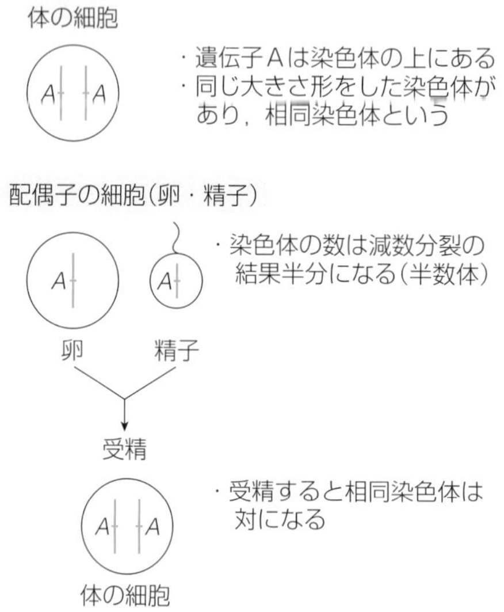

体の細胞

・遺伝子Aは染色体の上にある
・同じ大きさ形をした染色体があり，相同染色体という

配偶子の細胞（卵・精子）

・染色体の数は減数分裂の結果半分になる（半数体）

卵　　精子

受精

・受精すると相同染色体は対になる

体の細胞

図Ⅲ-1-4　体細胞と配偶子の細胞

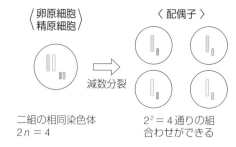

〈卵原細胞　精原細胞〉　　〈配偶子〉

減数分裂

二組の相同染色体
$2n = 4$

$2^2 = 4$通りの組合わせができる

図Ⅲ-1-5　減数分裂で配偶子に分配される染色体の組合わせ
減数分裂では配偶子に分配される染色体の組合わせが変わる．遺伝子は染色体上にあるので染色体の組合わせが変わると遺伝子の組合わせも変わる．ヒトの細胞には46本（23対）の染色体があるので，染色体の組合わせは2^{23}（約840万）通りある

263-00580

2 遺伝と遺伝子

到達目標

到達目標

1. 遺伝の法則について説明する.
2. ヒトの染色体構成とさまざまな遺伝について説明する.
3. 遺伝子と染色体の関係について説明する.
4. DNA の化学的性質について説明する.
5. 遺伝暗号について説明する.
6. 転写反応・翻訳反応について説明する.
7. セントラルドグマについて説明する.

1 遺伝とその法則

1. 遺伝には法則がある

生物の体の形や色などの性質を形質というが, 親と子は似ているものの全く同じではない, なぜなら父親と母親から異なる形質を混ぜ合わせた配偶子が受精してできるからである. 親のもつ形質が子やそれ以降の世代に伝わることを遺伝といい, 受け継がれるものを**遺伝形質**, 遺伝形質を支配するものを**遺伝子**という. 100年以上も前にエンドウを材料にしてメンデルはこの遺伝の仕組みの解明に取り組んだ. エンドウには, 種子が丸いものとしわがあるもの, 茎の丈が高いものと低いものというように形質が対立して区別できるものがあり, これを**対立形質**という. メンデルはエンドウの個体どうしを交配して生じた子 (雑種) の形質を調べて, 次のような法則があることを発見した (**図Ⅲ-2-1**).

① **優性の法則**:一組の対立形質に注目して交配したとき生まれてくる子を一遺伝子雑種というが, 両親の形質のうちどちらかだけが子で発現する場合がある. このとき, 子に形質が現れるものを**優性形質**といい現れにくいものを**劣性形質**という.

② **分離の法則**:雑種第一代では現れなかった形質が雑種第二代で分離して現れてくる.

③ **独立の法則**:それぞれの形質の現れ方はほかの形質によって影響を受けるこ

日本遺伝学会による用語の見直し

日本遺伝学会は2017年9月, 長年使用されてきた「優性」や「劣性」などの用語を使わず言い換えることを決め, これを含めた100ほどの用語について変更を提案した. 現在, 教科書の記述も変更するよう関連学会とともに文部科学省に要望書を提出している.

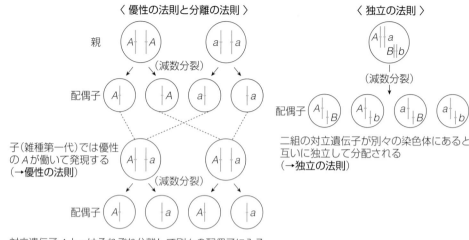

図Ⅲ-2-1　優性の法則・分離の法則・独立の法則

とがない.

　メンデルはこのような法則を説明するために遺伝を支配する「要素」を仮定した. これは**遺伝子**のことである. 対立形質に対応する遺伝子を記号で表すと*AA*や*aa*（優性を大文字で表す）のように二つで一組になっているので, これを**対立遺伝子**という. 有性生殖する生物は一つは父方から, 一つは母方から受け継ぐので対立遺伝子が二つで対になるのである. このとき, 二つの対立遺伝子が同一であれば**同型（ホモ）接合体**（*AA*は優性ホモ, *aa*は劣性ホモ）, 二つが異なるものであれば**異型（ヘテロ）接合体**（*Aa*）とよぶ. このように, メンデルの法則は対立遺伝子の優劣関係と子孫への配分方法を示している（**図Ⅲ-2-2**）.

　ある生物のもつ遺伝子の構成を**遺伝子型**といい, 背丈や種子の形のように外から判断できる形質を**表現型**という. メンデルが発見したこれらの法則は, ヒトも含めてほとんどすべての生物に適応できる.

体の細胞　　　〈 対立遺伝子 〉

相同染色体の同じ場所にある遺伝子を対立遺伝子という. 対立遺伝子は対立形質を支配している

体の細胞　　　〈 優性と劣性 〉
対立遺伝子はふつう一方だけが働いて遺伝形質を発現する. この場合は*A*が働くので優性, *a*は劣性である

〈 ホモ接合体 〉

対立遺伝子がどちらも同じものをホモ（同型）接合体という. *AA*は優性のホモ. *aa*は劣性のホモ

〈 ヘテロ接合体 〉

対立遺伝子が異なるものをヘテロ（異型）接合体という

図Ⅲ-2-2　遺伝の法則

2. さまざまなヒトの遺伝形質

　ヒトの遺伝形質について，メンデルの法則によく従う例として知られているのは，耳垢（ドライとウェット），ＰＴＣ（苦み）に対する味盲などである（**図Ⅲ-2-3**）．ヒトの**ＡＢＯ式血液型**は，赤血球の表面にある物質の違いによって生じ，*A*，*B*，*O*の３種類の遺伝子が関係する．遺伝子*A*と*B*はいずれも遺伝子*O*に対して優性だが，*A*と*B*の間には優劣関係がないのでＡＢ型という表現型（血液型）ができる．このように一つの形質に三つ以上の対立遺伝子があるとき，これらの遺伝子を**複対立遺伝子**という（**表Ⅲ-2-1**）．

　また，特定の遺伝子が欠損するか働きが悪いことで細胞の代謝活動がおかしくなった**代謝異常**とよばれる**遺伝病**がある．たとえば，フェニルケトン尿症はフェニルアラニン水酸化酵素が欠損するので余分なフェニルアラニンが体内に蓄積する遺伝病である．病気の原因は，特定の遺伝子が欠損するか働きが不全になると正常なタンパク質（この場合は酵素）ができないからである．このようなことから，遺伝子が特定のタンパク質をつくる情報をもっていることがわかる（**図Ⅲ-2-4**）．

図Ⅲ-2-3　日本人の遺伝的特徴
日本人のさまざまな遺伝的性質のうち，代表的なものの割合（％）を示した．これらの形質に比べて背の高さや体重などは多くの遺伝子と環境因子（栄養など）が関係するので，その分布は正規分布に近くなる．歯科に関連するものでは，口蓋裂などの形成異常に遺伝的素因が関係することが知られている

表Ⅲ-2-1　ABO 式血液型と遺伝子型
遺伝子*A*と遺伝子*B*の間には優劣関係はないが，いずれも遺伝子*O*に対しては優位性である．三つ以上の遺伝子が対立関係にあるものを複対立遺伝子という

血液型 （表現型）	遺伝子型
A 型	*AA*, *AO*
B 型	*BB*, *BO*
AB 型	*AB*
O 型	*OO*

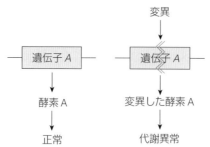

図Ⅲ-2-4　遺伝病の主な原因は遺伝子の異常である
遺伝子が異常になる原因は①染色体の突然変異：数が異常になる（ダウン症では21番染色体が3本ある），部分的に欠失または場所が変わる（転座），②遺伝子の突然変異：遺伝子が重複あるいは欠失する．遺伝子の構造が変化する

3. 伴性遺伝と致死遺伝

　　ヒトの染色体のうち44本は**常染色体**といい男女とも同じで，22種類の染色体が対になって存在する．残りの2本は，X，Yとよばれ男女で異なるので**性染色体**といい男性はXY，女性はXXという組合わせになっている．性染色体の役割は，その上にある遺伝子の働きによって性を決定することである（**図Ⅲ-2-5**）．

　　ある遺伝子がX染色体だけにありY染色体にない場合，この遺伝子による形質が雌雄によって現れ方が異なる．このような遺伝を**伴性遺伝**という．ヒトの場合，赤緑色覚異常や血友病などがよく知られた例である．このような疾患の原因となる遺伝子はX染色体にある劣性遺伝子で，Y染色体には対立遺伝子がない．男子はX染色体を1本しかもたないので女子に比べると発病する確率が高い．女子の場合，両方のXがともに劣性遺伝子をもつ劣性ホモの場合にのみ発病するが，ヘテロでは発病しないが保因者である．

　　また，ハツカネズミの体色を決める黄色遺伝子をホモにもつ個体は発生の初期で死んで生まれてこない．このように致死効果を表す遺伝子を**致死遺伝子**という．ヒ

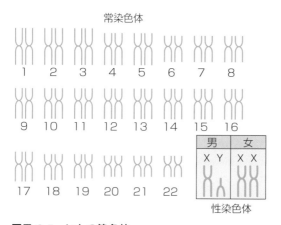

図Ⅲ-2-5　ヒトの染色体
からだの細胞には46本の染色体がある．1〜22番は常染色体とよばれ大きさ，形が同じものが対になる相同染色体である．X,Yは性を決定するのに働く性染色体で，男はXY，女はXXである

263-00580

トの場合も変異した遺伝子をもつ個体の多くはこのような致死効果によって生まれてこない.

4. 染色体上での遺伝子のふるまい

　遺伝子が染色体の上にあることは染色体と遺伝子の行動が一致することからわかった. ヒトの遺伝子は約2万数千と見積もられているが, これは染色体の数よりも多い. つまり, 1本の染色体には多数の遺伝子が存在する. 同じ染色体上にある遺伝子は, グループになって染色体とともに行動するので**連鎖**しているという. ところが, **減数分裂**によって配偶子ができるとき染色体の一部が失われたりほかの染色体の一部と交換することがある. こうして, 同じ染色体上でグループになっていた遺伝子間の関係が変わることがある. これを**遺伝子の組換え**といい, 組換えを起こす割合は**検定交雑**という方法によって調べる.

　組換えの割合から組換えに関わった遺伝子間の距離を計測することができる. すでに位置が判明している遺伝子との距離を手がかりにしていけば, 遺伝子相互の距離が確定できる. こうして, 染色体の上に遺伝子の場所を決めていくと, 遺伝子が染色体のどこにあるのかを示した**遺伝子地図**（染色体地図ともいう）が完成する. ヒトの遺伝子についても, 多くのものが遺伝子地図の上で確定されている（**図Ⅲ-2-6**）.

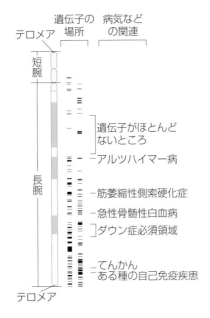

図Ⅲ-2-6　ヒト21番染色体の遺伝子地図
染色体の長い方を長腕, 短い方を短腕という. 染色体の末端部をテロメアという. 長腕のDNAは約3300万の塩基対がある. 遺伝子は染色体の中にとびとびに存在する

5. 遺伝子は変異する

　ヒトの集団のなかでも, 目の色や肌の色が異なるように少しずつ形質に違いがある. このような違いを**変異**という. 変異は遺伝子の組合わせや働きが少しずつ個体間で違うために起こる. 特に, 遺伝子の構造や働きが環境からの要因などで大きく変わることを**突然変異**という. この原因は, 染色体に異常が生じて起こる**染色体突**

然変異と，特定の遺伝子が構造や働きを変異させることによる**遺伝子突然変異**がある．多くの突然変異は，遺伝病の原因になり個体にとって有害なので次の世代に受け継がれることは少ないが，突然変異が少しずつ蓄積すると生物が進化する原動力になる．

遺伝子組換え食品

スーパーに並んだ豆腐の原材料に「大豆（遺伝子組換え）」などと書いたものを見かける．この場合は，遺伝子組換え作物の大豆を使ったということである．では，遺伝子組換えとは何だろうか．大豆の苗に病害虫に耐性な遺伝子などを人工的に注入して育てた作物である．

このようにその生物が本来もっていなかった遺伝子を人工的に注入することを遺伝子組換えという．遺伝子を組換えるためには，遺伝子の運び屋が必要でウイルスなどが使われる．遺伝子組換えをした生物が食品として安全であるかどうか慎重に事を進める必要があるが，このようにして生物の品種改良を，的を絞って速く行うことができるようになった．もしもこのような方法を人間に応用したらどうなるだろうか．これが，遺伝子治療とよばれるもので，遺伝子が正常に機能しない病気の患者さんに正しく働く遺伝子を組み込む（生体内法と生体外法という2種類がある）方法である．そのために，まず遺伝子診断をして，どの遺伝子がおかしいか知る必要がある．

癌は遺伝子の病気

癌は遺伝子が異常になって起こる病気である．細胞が異常に増殖し，さらにほかの組織に転移して増殖することが癌の最大の特徴である．このことから，まず細胞の増殖に関係する遺伝子がおかしくなる（変異する）と癌の第一歩が始まることがわかる．そこで細胞の増殖をコントロールする遺伝子で変異すると細胞が癌化するきっかけになるものを癌原遺伝子という．癌原遺伝子が紫外線や化学発癌剤によって遺伝子変異すると異常な細胞増殖が始まって癌化する原因になる．これに対して細胞の増殖や転移を抑えるような働きをする遺伝子を癌抑制遺伝子といい，$p53$ というよく知られた遺伝子がある．癌遺伝子と癌抑制遺伝子は一方を車のアクセルで他方をブレーキの役割にたとえることがある．つまり，どちらか一方がおかしくなると細胞の増殖や細胞死をコントロールできなくなる．実際は多段階発癌といって，複数の癌遺伝子と癌抑制遺伝子が連続的に変異することで癌が発症し進行する．

2　生命をつくる仕組み

1. 遺伝子はタンパク質を指定する

遺伝子が眼の色などの遺伝形質を決めているわけだが，では遺伝形質は何によって決まるのだろうか．**一遺伝子一タンパク質説**は，一個の遺伝子が一個の特有なタンパク質を決定するというものである．タンパク質は，前に述べたように生命を形

263-00580

づくる最も基本的な物質である．タンパク質は全部で20種類あるアミノ酸が多数つながってできた高分子化合物であるから，タンパク質をつくるためにはどのアミノ酸をどのような順序（配列）で並べていくのかということが重要である．したがって，遺伝情報はアミノ酸の種類と配列を決める情報であることがわかる．

2. 遺伝子はDNAである

染色体はDNAとヒストンタンパク質でできている（**図Ⅱ-1-7** p.21参照）．遺伝子は染色体にあるわけだからどちらかが遺伝子の本体である．遺伝子は，多量の遺伝情報をもつ，構造的に非常に安定である，親から子へと変化せずに伝達される，などの要件を備えていなければならない．さまざまな研究の結果，最終的に遺伝子がDNAであること（**図Ⅲ-2-7**）は，①DNAを肺炎双球菌に取り込ませると取り込んだ菌の性質が変わる**形質転換**（**図Ⅲ-2-8**）が起こる，②ウイルスが細菌に感染するときは，殻をつくるタンパク質ではなくDNAだけが細菌の中に入り，子ウイルスを増殖させる，ということから示された．

3. DNAは二重らせん構造をしている

遺伝子の本体がDNAであることがわかると，その化学的構造を解明する研究が進んだ．そして，DNAの特徴が明らかになった．DNAは①アデニン（Aと略），

1. 遺伝子が染色体にあることは次のような理由で説明される
   ・染色体は生物によって形や数が決まっている
   ・染色体は親から子へと減数分裂によって半分ずつが受け渡される
   ・性の決定には性染色体が関係する
   ・染色体が異常（変異）を起こすと遺伝形質が変わる

2. 染色体はタンパク質とDNAでできている

3. DNAは生物の遺伝的性質を変える形質転換を起こさせるが，タンパク質はできない

4. DNAに放射性物質で目印をつけて追跡すると遺伝子として働くことが証明された

図Ⅲ-2-7　遺伝子がDNAであることがわかるまで
メンデルによって遺伝を司るものとして遺伝子が提唱された．遺伝子は細胞のどこにあり，またどのような物質でできているのか？これらの疑問は1～4のようにして解き明かされていった

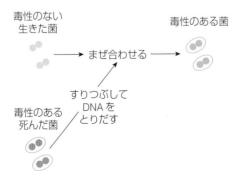

図Ⅲ-2-8　肺炎双球菌の形質転換
毒性のない菌が死んだ毒性菌のDNAを取り込んで毒性菌に変わる（形質転換）ので，DNAが遺伝物質であることがわかった

チミン（T），グアニン（G），シトシン（C）という4種類の塩基でできている（p20参照），②4種類の塩基の割合は，AとT，GとCの割合がほぼ同じになる（つまり，AはTとだけ，GはCとだけ結合する，これを**塩基の相補性**という），という性質をもっている．1953年ワトソンとクリックは，DNAの化学構造が①4種類の塩基が多数結合して長い分子の鎖をつくる，②分子の鎖は2本並んで対になって2本鎖をつくり内側でAとT，GとCが結合している，③2本鎖はらせん状にねじれている，ということを示した（Ⅱ編1章参照）．

4．DNAは常に同じものが受け継がれる

DNAが遺伝物質として働くためには，親から子へと受け継がれるときに同じものが継承されるはずである．DNAを新しく合成して倍にすることをDNAの**複製**というが，細胞が分裂して増えるときに必ずDNAの複製が起こる．DNAの複製反応はもとのDNAを鋳型にして**DNAポリメラーゼ**（DNA合成酵素）の働きによって行われる．したがって古いDNAが複製の後必ず残ることになるのでDNAの**半保存的複製**という．DNAをつくる塩基が互いに結合する相手が相補的に決まっているために，このような合成方法になるのである（**図Ⅲ-2-9**）．DNAの末端部分を**テロメア**といい，複製反応を繰り返すごとに短くなることが知られている．テロメアの長さが足らなくなると，細胞分裂が停止するので細胞の老化や寿命に関係すると考えられている．逆に，テロメアが短くならないと細胞は分裂能力を維持し続ける．がん細胞はその例である．

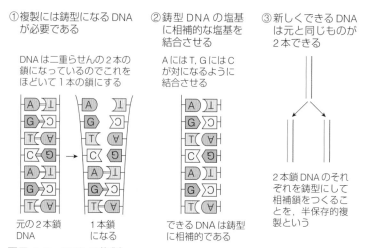

①複製には鋳型になるDNAが必要である

DNAは二重らせんの2本の鎖になっているのでこれをほどいて1本の鎖にする

元の2本鎖DNA → 1本鎖になる

②鋳型DNAの塩基に相補的な塩基を結合させる

AにはT，GにはCが対になるように結合させる

できるDNAは鋳型に相補的である

③新しくできるDNAは元と同じものが2本できる

2本鎖DNAのそれぞれを鋳型にして相補鎖をつくることを，半保存的複製という

図Ⅲ-2-9 DNAの複製
細胞が分裂して増えるときにはDNAが複製されて倍になる．複製は細胞周期のS期に行われる

5．遺伝情報は4種類の塩基が使われる

DNAが遺伝子であるならば，遺伝情報とはなんだろうか．DNAはA，T，G，Cという4種類の塩基でできているから，この塩基が組み合わさって一つの単語（**遺伝暗号**）をつくると考えられる．この遺伝暗号がタンパク質をつくるアミノ酸を決

1番目↓	2番目 U	2番目 C	2番目 A	2番目 G	3番目↓
U	UUU, UUC フェニルアラニン UUA, UUG ロイシン	UCU, UCC, UCA, UCG セリン	UAU, UAC チロシン UAA, UAG 終止	UGU, UGC システイン UGA 終止 UGG トリプトファン	U C A G
C	CUU, CUC, CUA, CUG ロイシン	CCU, CCC, CCA, CCG プロリン	CAU, CAC ヒスチジン CAA, CAG グルタミン	CGU, CGC, CGA, CGG アルギニン	U C A G
A	AUU, AUC, AUA イソロイシン AUG メチオニン（開始）	ACU, ACC, ACA, ACG トレオニン	AAU, AAC アスパラギン AAA, AAG リシン	AGU, AGC セリン AGA, AGG アルギニン	U C A G
G	GUU, GUC, GUA, GUG バリン	GCU, GCC, GCA, GCG アラニン	GAU, GAC アスパラギン酸 GAA, GAG グルタミン酸	GGU, GGC, GGA, GGG グリシン	U C A G

図Ⅲ-2-10　遺伝暗号がアミノ酸を指定する

DNA を転写してできる mRNA のコドンである．mRNA を構成する塩基（A，U，G，C）の三つが組になったものをコドン（遺伝暗号）とよび，全部で 64 種類ある．指定するアミノ酸（20 種類）よりもコドンの数が多いので，一つのアミノ酸に対して複数のコドンが対応する（たとえばセリン，プロリンなどには四つのコドンがある）．これを縮重といい，同じアミノ酸に対する異なるコドンを同義コドンという．翻訳を開始するとき先頭にくる開始コドン（AUG でメチオニンを指定する），反応の終止に関係する終止コドンが 3 種類（UAA，UAG，UGA）ある

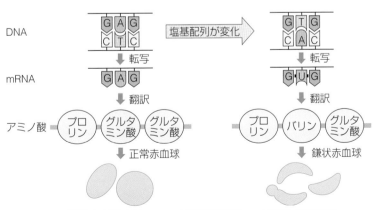

図Ⅲ-2-11　鎌状赤血球症は DNA の塩基配列が一つ変異して起こる

263-00580

めているのである（**図Ⅲ-2-10**）．アミノ酸は 20 種類あるから，遺伝暗号はそれ以上の数があるはずである．3 種類の塩基が一つの遺伝暗号をつくれば全部で 64 種類できる．3 塩基でできた遺伝暗号を**トリプレットコドン**（コドンとは暗号単位という意味である）という．コドンには，アミノ酸の種類のほかにタンパク質の先頭の部分を決める「開始コドン」と終わりの部分にあたる「終止コドン」という 2 種類のコドンがある．

　このように遺伝情報は DNA の塩基配列によって構成されているので，もしも 1 個でも塩基の種類が変わると（**点突然変異**），アミノ酸の種類も変化するので遺伝子突然変異の原因になる．鎌状赤血球症は点突然変異の例で，グルタミン酸がバリンに変異したことで赤血球の形や働きに大きな変化が起こる（**図Ⅲ-2-11**）．

クラゲのように光るヒトの細胞

　バイオテクノロジーとは遺伝子工学という意味である．PCR（ポリメラーゼ連鎖反応）という方法で DNA を大量に増やすことと，DNA を細胞やバクテリアに運ぶベクター（ウイルスやプラスミドとよばれるものを使う）が開発されて，ヒトの遺伝子が指定するタンパク質を大腸菌の中で大量に増やすことなどができるようになった．たとえば，光を放つクラゲの遺伝子をヒトの細胞に組み込めば光る細胞ができる．さらに，ネズミの卵細胞の中にこの光る遺伝子を組み込んで母親の胎内に戻せば体中が光るようになったネズミの子

が生まれる．

　ヒトの場合でも卵細胞に外来の遺伝子を組み込んでやればその遺伝子が生まれてくる子どもに発現する．つまり，遺伝子工学を使えば遺伝子を自由自在にデザインした人間をつくることが原理的に可能である．もちろん遺伝子操作による人間の改造など禁止されている．遺伝子治療は遺伝子工学をヒトの疾患治療のために応用しようとするものだが，目的や手段が正しいものか，倫理的に許されるものかなど，課題をしっかり検討しなければならない．

263-00580

3　遺伝子を働かせる仕組み

1. 生物がもつ全遺伝情報をゲノムという

　　生命の遺伝情報が DNA に記されているので，DNA をつくる塩基の総数が生命を決める情報の全体になる．ある生物のあらゆる細胞をつくる情報を**ゲノム**というが，これはすべての遺伝情報と言い換えることができる．遺伝情報は塩基の組合わせで決定されるので塩基の総数がゲノムの大きさになる．ヒトのゲノムは核とミトコンドリアの DNA で構成され，その大きさは約 30 億塩基対である．遺伝暗号は細菌からヒトまですべての生物に共通している．このことからも地球上の生物が祖先を同じくすることがわかる．

2. DNA の塩基情報は RNA に転写される

　　DNA は核の中の染色体にあるが，タンパク質をつくる場所は細胞質にある**小胞体**である．したがって，遺伝子になっている DNA の情報だけを核の外へ運び出す必要がある．情報を運び出すのは RNA である．このために，DNA の塩基配列を RNA に写し取る．これが**転写**とよばれる反応で，DNA の塩基情報に対応した RNA を合成する作業である（**図Ⅲ-2-12**）．つくられた RNA は mRNA とよばれる．つくられたばかりの mRNA には，遺伝情報として使われないイントロンとよばれる配列があるので，核外に出すまでにこれを切り出して捨てるスプライシング（必要なところだけを残して不要なものを捨てる）という作業が行われる．最終的にmRNA に残る配列をエキソンといい，これがアミノ酸の種類と配列を指定してタンパク質をつくる情報になる．バクテリアの転写では，スプライシングは起こらない．

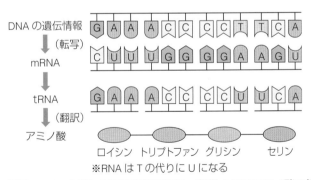

図Ⅲ-2-12　DNA の塩基情報は転写，翻訳されてアミノ酸の情報になる

3. mRNA の情報に基づいてタンパク質が合成される

　　小胞体の上には**リボソーム**という RNA とタンパク質でできた粒子がある．これに核からでた mRNA が結合する．mRNA のコドンが指定するアミノ酸をもつtRNA が二つ続いてリボソームの上に並ぶ．次に，二つの tRNA が運んできたアミ

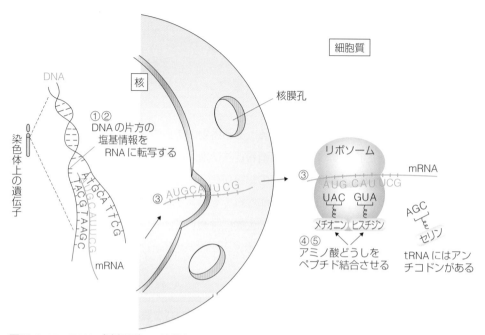

図Ⅲ-2-13　DNA（遺伝子）の情報をもとにしてタンパク質がつくられる（遺伝情報の発現）
①染色体を構成する遺伝子 DNA の 2 本鎖がほどける，②片方の塩基情報をもとにして RNA 合成酵素が mRNA をつくる（→転写），③ mRNA は核膜孔から細胞質へ出て小胞体のリボソームに付着する，④ mRNA のコドンが指定するアミノ酸を tRNA が運んでくる，⑤ tRNA が運んできたアミノ酸どうしをペプチド結合させる，⑥タンパク質分子（ポリペプチド）が完成する，④から⑥までを翻訳という．tRNA は mRNA のコドンを対応するアンチコドンで識別する

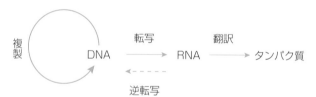

図Ⅲ-2-14　遺伝情報の流れを示すセントラルドグマ
遺伝情報である DNA の塩基配列は RNA に転写されて生命活動を担うタンパク質がつくられる

ノ酸どうしをペプチド結合でつなぎ合わせる．この作業を繰り返して行うと，多数のアミノ酸をつないだ 1 本のタンパク質の分子ができる（**図Ⅲ-2-13**）．このように mRNA の情報に基づいて，アミノ酸を tRNA が運びそれらをつないでタンパク質をつくる作業を**翻訳反応**という．

4. DNA に始まる遺伝情報の流れをセントラルドグマという

　DNA をもとに，転写によって RNA をつくり，最終的にリボソームの上でタンパク質がつくられる道すじを**セントラルドグマ**という（**図Ⅲ-2-14**）．これは DNA → RNA →タンパク質という一方向に遺伝情報が伝わるという意味である．ただし，HIV（ヒト免疫不全ウイルス）などの遺伝子が RNA でできているウイルスは逆転写酵素をつかって自分の RNA から DNA をつくることができる．この過程を**逆転写**

263-00580

という．DNA と RNA は塩基情報をもつという点で共通する性質が多いのである．

5. 細胞の活動には転写の調節が重要である

　　合成されたタンパク質は，ヒトの細胞の場合，小胞体やゴルジ体を経て細胞内に輸送される．遺伝情報によって指定されたタンパク質は，細胞構造をつくり，酵素やホルモンとして分泌されたりして，さまざまな生命活動を担う．いつ，どのような細胞で，どのようなタンパク質をつくるのか，これが遺伝情報の調節である．細胞ごとに，これが厳密に調節されていることが，われわれの体をつくる細胞の多彩で，しかも秩序のある生命活動の中心となっているのである（**図Ⅲ-2-15**）．

　　この調節を順番でみると，まず遺伝子を読み取る転写反応が最も重要である．遺伝子 DNA の先頭領域には**プロモーター**とよばれる目印となる配列が存在する．これを **RNA ポリメラーゼ**（RNA 合成酵素）が認識して反応が始まる．この反応は，**転写因子**とよばれるタンパク質など多くの因子が関係する複雑な反応である．ホルモンやサイトカイン（成長因子，インターロイキンなど細胞の活動に影響を与える物質の名称）とよばれる物質はこのような転写調節反応に関係して，細胞の生死や活動に大きな影響を及ぼすことができる．一方，RNA を鋳型にして DNA を合成する反応を**逆転写**という．

　　一方，DNA の一部をメチル化する反応や染色体の構造を変化させる反応によって転写を抑制する仕組みもある．

肝臓の細胞　　　　　　　　表皮の細胞

図Ⅲ-2-15　遺伝子の働きを調節することで細胞の形質が異なる
肝臓細胞・表皮細胞いずれも同じ遺伝情報（ゲノム）をもつ．しかし，転写して使われる遺伝子が異なるのでつくられるタンパク質が異なり，細胞の形や働きも異なる．遺伝子を使えないようにするために染色体や DNA を化学変化させる仕組み（エピジェネティック調節）がある

ミトコンドリアにもゲノムがある

ミトコンドリアは細胞呼吸を行う細胞内小器官であるが独自のDNAをもち，ヒトでは16600の塩基に37種類の遺伝子が存在するので，これを**ミトコンドリアゲノム**という．核DNAは**核ゲノム**という．細胞が増殖するときはミトコンドリアゲノムも同じように増殖する．ヒトの卵と精子が受精すると，精子のミトコンドリアは除去されてしまうので，子には母親のミトコンドリアだけが伝えられる．ミトコンドリア遺伝子は変異を起こしやすくミトコンドリア病とよばれる疾患の原因となる．ミトコンドリアの変異は父親とは無関係に母親の形質が遺伝し，メンデルの遺伝法則には従わないので，これを**母性遺伝**という．このようにミトコンドリアは独自のDNAをもつことから，太古に細胞の中に寄生した細菌の名残であると考えられている（細胞内共生説）．

ゲノムを知ればあなたの未来がわかる？

ヒトの全遺伝情報をヒトゲノムといい，遺伝子がどの染色体にあるのか（遺伝子地図），DNAの塩基配列はどのようになっているか（配列解析）を決定する作業が続けられている．そして，そのおおよそが解読された．この結果，ヒトの遺伝子は約2万2千個ということや，いろいろな遺伝子の構造（塩基配列）などがわかってきた．この結果を利用して，病気の原因遺伝子，脳や神経の働きに関係する遺伝子などの研究が活発に行われている．チンパンジーのゲノムはヒトと約1.2％の差があるが，このなかにヒトとチンパンジーとの進化的な違いが隠されているのだろうか．また，心の働きなど"人間らしさ"と関係する遺伝子が存在するのか，というような興味深い研究が行われている．このように，ヒトの遺伝子の全体像を明らかにすることで，病気の原因をはじめとして個人のさまざまな性質が遺伝子との関連で理解できるようになるかもしれない．個人の遺伝子を解析して集団のものとどれくらい異なるか調べることを一塩基多型（SNP解析）というが，このことで遺伝病，糖尿病などの生活習慣病に関する潜在的な可能性までわかるようになってきた．さらに，個人の特性に合わせた薬が選択できるような医療（テーラーメイド医療）も検討されている．

ヒトの身体はヒトだけのものではない？

ヒトの身体には，種類にしておよそ1,000種類，1,000兆個の常在菌が皮膚，口腔，鼻腔，腸などに棲みついている．なかでも，大腸には糞便1gあたり約1兆個のバクテリア（腸内細菌）が存在し個人に特有の食生活に依存した細菌叢（**マイクロバイオーム**）を構成する．これらの菌はヒトと共生しているので，腸管免疫系で排除されることはなく（免疫寛容という仕組みがある），細菌はヒトの消化器官で消化できないもの（たとえばミカンの皮などの多糖類）をエサにして増え，細菌が分解した物をヒトは栄養分として受け取るのである．したがって，マイクロバイオームが食生活の変化や害をおよぼす菌の感染などで乱れると，さまざまな疾患の原因となる．こうしたことから，生活に必要な細菌を積極的に身体の中に棲まわせることが健康管理に大切であるということがわかる．つまり，ヒトの健康を左右するのは遺伝的資質（ゲノム）であるのは間違いないが，これに加えてマイクロバイオームのゲノムも大事な構成要因であることから，両者を合わせた**メタゲノム**（メタとは〜を超えるという意味）の理解も重要なのである．

263-00580

3 発生して体をつくる

到達目標

1 受精と受精卵の特徴を説明する.

2 胚形成について説明する.

3 三胚葉から形成される組織と器官を説明する.

1 発生の過程

1. 発生は受精卵に始まる

受精とは，精子が卵に入り卵の核と精子の核の融合が起こることである（**図Ⅲ-3-1**）．受精によって染色体数はもとの $2n$ になるのである．卵の中に2個以上の精子が入ると正常に発生が進まないので，受精後すぐに卵は受精膜を形成して複数の精子が入るのを防ぐ仕組みがある.

図Ⅲ-3-1　発生の仕組み
受精から体の形づくり・器官形成は，①卵割による細胞の増加と細胞集団（胚葉）形成，②プログラムされた遺伝子発現，③遺伝子発現による細胞分化，④分化した細胞による別の細胞・組織への働きかけ（分化誘導・誘導の連鎖），⑤体の各部に必要な組織・器官の形成，これらが順序通りに連続して進行する

2. 受精卵は活発に細胞分裂する

卵は受精すると**卵割**という活発な細胞分裂をするが，卵は体積を増やすことなく分裂が起こるので細胞は次第に小さくなる．卵が形成されたとき極体を放出したところを動物極，その反対側を植物極という．卵は発生に必要な栄養分を卵黄の中に蓄えているが，卵黄の分布によって卵割形式が変わってくる.

3. 3種類の胚葉からいろいろな組織と器官がつくられる

受精卵が発生を開始してから体の基本構造ができるまでを胚とよぶが，カエルを例にすると桑実胚，胞胚，原腸胚，神経胚，尾芽胚というように段階が進んでいく．原腸胚の時期には植物極側の細胞が内部に向かって原口から落ち込む陥入が始まり，胚の内部に原腸という隙間ができる．この時期から，胚に三つの細胞層ができて将来いろいろな組織になる．外側の細胞層を**外胚葉**，原腸の壁が**内胚葉**，外胚葉と内胚葉の間の部分を**中胚葉**という．多くの器官は複数の胚葉が組み合わさってできるが，外胚葉からは表皮，神経，中胚葉からは筋肉，血球，心臓，内胚葉からは消化管の上皮，肝臓などがつくられる（**図Ⅲ-3-2**，**表Ⅲ-3-1**）．

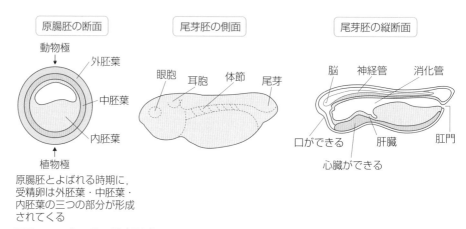

原腸胚とよばれる時期に，受精卵は外胚葉・中胚葉・内胚葉の三つの部分が形成されてくる

図Ⅲ-3-2　カエルの器官形成
おたまじゃくしになる前は尾芽胚とよばれる．図はこの時期の胚葉と，形成される主な器官を示している

表Ⅲ-3-1　三胚葉から形成される主な組織と器官

外胚葉	表　皮	表皮（つめ，毛など），感覚器（眼の水晶体など）
	神経管	脳，脊髄，感覚器（網膜など），
中胚葉	脊　索	後に脊椎器（骨）におきかわる
	体　節	筋肉（骨格筋），骨，真皮
	腎　節	腎臓
	側　板	心臓，腹膜，腸間膜，血管，筋肉（平滑筋）
内胚葉	消化管上皮，肝臓，膵臓，肺	

4. 発生をすすめる仕組み

3種類の胚葉から神経や筋肉などさまざまな組織や器官ができることは，発生が進む過程で最初は同じ性質の細胞でも次第に異なる形や働きをもつように細胞の運命が決まっていくことを示している．このとき，胚のある組織がほかの組織に働きかけて細胞の運命を変化させる**誘導**とよばれることが起こる．たとえば，中胚葉は外胚葉が内胚葉からの働きかけを受けて分化し，生じる（**中胚葉誘導**）．働きかけ

263-00580

る組織を**形成体（オーガナイザー）**といい，たとえば初期原腸胚では原口のやや背側の部分（原腸背唇部）はホルモンなどの化学分子を放出してほかの細胞に働きかけて誘導を起こす．たとえば，尾芽胚の頃，脳の一部が眼胞になると，眼胞は表皮に働きかけて水晶体（レンズ）と網膜をつくる．さらに，水晶体は表皮から角膜を誘導する．このように誘導が連続的に起こり，発生が進行する中で細胞は互いに影響をおよぼしながらそれぞれの役割に応じた組織や器官を形成するのである．

5．異なる遺伝子が働くことで細胞が個性的になる

ヒトの体の細胞はすべて同じゲノム（遺伝情報）を共有する．しかし，肝臓の細胞と皮膚の細胞は明らかに異なる．これは肝臓の細胞ではその細胞に必要な遺伝情報だけが読まれる（発現という）のに対して皮膚の細胞ではまた違う遺伝子が発現するからである．このように細胞によって独自の遺伝子が働き，それぞれの細胞に特有のタンパク質をつくることが細胞の個性を決めている．このように細胞が独自の遺伝子を発現して個性化することを**細胞分化**という（図Ⅲ-3-3）．

受精に始まって卵割が進み，徐々に組織や器官の原型がつくられる過程で細胞の個性化が同時進行する．また，たとえば体の右側にある細胞は右という場所の情報を周りの細胞とともに共有する細胞の位置情報というものもある．

細胞A，B，Cのもとになる細胞（幹細胞）

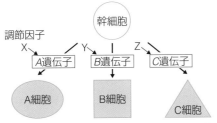

図Ⅲ-3-3　細胞分化の仕組み
細胞がそれぞれ決まった形と働きを備えるようになることを細胞分化という．調節因子（X，Y，Z）は異なる遺伝子（A，B，C）に働きかけて転写の調節をする．調節因子は，ホルモンやサイトカインなどである

2　発生の仕組み

1．ボディプランに関係する遺伝子が形づくりをする

動物の体には，頭（前方），尾（後方），背，腹側という方向性がある．また，ヒトの心臓は体の左側にあるように左右対称ではないので，体軸（前後軸）に対して左，右という区別がある．このように体全体の器官の配置や体軸を決めるものは何だろうか．発生の過程で，頭部，胸部，腹部など体がいくつかの部分に分かれて形成されるので体節形成という．体節のそれぞれで働く遺伝子はグループになって働くものが多い．これをホメオボックス遺伝子といい，これらの遺伝子が順序よく発

現することが体節ごとの違いをつくる．さまざまな遺伝子の発現をタイミングや場所ごとに変化させることで細胞が異なるものになっていくのである．

このように卵割に続く胚形成の過程で遺伝子の発現（主に転写調節）に変化を促す種々の成長因子やサイトカインによって細胞分化を細かく調節する仕組みがある．

2. 再生と幹細胞

卵と精子が結合する受精によって卵が活発な細胞分裂（卵割）を開始すると，その後は決められたプログラムに従い遺伝子を連続的に発現させ，組織の根幹となる細胞をつくり器官形成と並行して形作りを進行させる．この過程で特定の体細胞に分化した細胞は増殖や異なる細胞へと分化する能力を失う．発生初期段階の細胞はその後につくられる細胞よりもより高い分化能力（多様な遺伝子の発現能力）を有する細胞であり，たとえば発生初期の胚盤胞期の細胞は **ES 細胞**（胚性幹細胞）とよばれる．この細胞は培養条件を変えると表皮，神経細胞，筋細胞などのさまざまな組織の細胞に分化するほぼ万能な細胞である．しかし，ヒトの受精卵を材料とするために倫理的な問題等，利用にはさまざまな制約がある．そこで，このような細胞の生体外での利用を目指して，既に分化を終えた体細胞から人工的につくり上げたのが **iPS 細胞**（人工多能性幹細胞）である．

皮膚の組織は外傷などで損なわれても，組織はほとんどもとのように再生して治癒する．これには身体のさまざまな場所に存在する **成体幹細胞**（組織幹細胞）という活発な増殖・分化能力をもつ細胞があるからである．ヒトの身体は初期発生が完了したあとも持続的に成長が維持されるが，この過程でも多くの細胞は老化や損傷によってアポトーシス（細胞の自然死）で除去されて同じ細胞が新しくつくられる．つまり身体を維持するためには毎日多くの細胞が死んでいくので，つねに新しい細胞が生産されて置き換わっている．たとえば，赤血球はおよそ 100 日の寿命がくると脾臓や肝臓で壊されるが，骨髄などの造血組織で **造血幹細胞** が増殖して新たな赤血球がつくられる．骨髄では白血球・リンパ球などのすべての血球がつくられる．

3. 再生医療の可能性

皮膚，血球，骨などの組織は成体幹細胞によって常に新しい細胞が供給されるので，老化や損傷をうけても再生が可能である．しかし，神経組織や多くの内臓器官は老化や疾病などで損傷を受けると再生させることは難しい．そこで心臓や肝臓を移植して失われた機能を回復する臓器移植が行われている．しかし，この治療には必ず他人からの臓器提供が必要であり，また移植後の拒絶反応などきわめてハードルの高い治療法である．ES 細胞や iPS 細胞を大量に培養して損傷した器官を細胞移植や人工ミニ臓器（オルガノイド）を移植して失われた機能の回復を目指す治療法が再生医療である．神経組織の回復や目の網膜組織の移植等，従来は不可能と思われた治療法の開発が行われている．

263-00580

環境と動物の反応

1　刺激の受容と反応

到達目標

1 外部刺激の受容の仕組みを説明する.

2 ヒトの感覚器の種類とその働きを説明する.

3 興奮の起きる仕組みと伝導・伝達について説明する.

4 ヒトの中枢神経系について説明する.

5 ヒトの末梢神経系について説明する.

　生物は，光，温度など，外界から絶えず入ってくる刺激を情報として受容し，それに応じた適切な反応や行動を起こすことによって，体を安全な状態に保ち，生命を維持している.

1 動物は感覚器でさまざまな刺激を受容する

　外界の刺激を受容し，興奮するような働きをもった器官を**感覚器**（受容器）といい，その興奮はニューロン（神経細胞）を通じて伝達される. また，神経からの興奮を受けて応答する器官を**効果器**（作動体）といい，その代表的器官が筋肉である.

1. 外部刺激の受容

　生物が光，温度，化学物質，音，圧力などの刺激を受けると，感覚器にある感覚細胞が興奮する（それぞれの感覚器に適合した刺激を**適刺激**という）. 興奮は感覚神経を通じて大脳の感覚中枢に伝えられて認識され，刺激に応じた反応を効果器が引き起こす（**図IV-1-1**，**表IV-1-1**）.

　刺激伝達の神経系構成から皮膚，粘膜，筋肉などの感覚神経による皮膚感覚と，筋，関節で感じられる深部感覚をあわせて**体性感覚**という. 視覚，聴覚は脳神経に直結し，空腹などの**内臓感覚**は自律神経が関与する. また，痛みの感覚（痛覚）は，機械的・熱・化学的刺激などが組織を損傷することで起こる.

263-00580

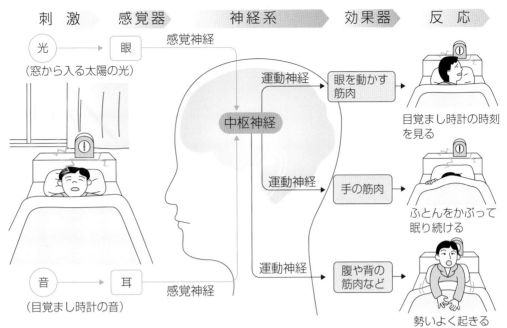

図Ⅳ-1-1　刺激の受容と反応

表Ⅳ-1-1　ヒトの感覚器と適刺激

感覚	感覚器	適刺激
視　覚	眼	可視光 [※]
聴　覚	耳	音（20〜20,000Hz）
味　覚	舌	味覚物質
嗅　覚	鼻	におい物質
皮膚感覚	皮膚感覚器	圧力，振動，温度など
平衡感覚	半規管，前庭	重力，加速度など
深部感覚	筋紡錘など	張力など

[※] ヒトの眼が感じる光を可視光という

2. 感覚器はさまざまな刺激を受容する

　ヒトには眼，耳，鼻，舌などさまざまな感覚器があり，それぞれ特異的な刺激を受容する感覚細胞が集まっている.

1）視覚器（眼）

　眼の角膜と瞳孔を通過した光は水晶体（レンズ）で屈折して，網膜の視細胞を興奮させ，視神経を通じて脳に伝わる（**図Ⅳ-1-2**）.

　ヒトの視細胞には**錐体細胞**と**桿体細胞**という2種類がある. 錐体細胞は網膜の中央付近（黄斑部）に多く分布して，明るい場所で働く. 錐体細胞は，赤・緑・青の光を感じる細胞に分かれていて，これらの働きで色彩の感覚が生じる. 桿体細胞は網膜の周辺に多く分布し，弱い光に対しても反応するが色の区別はできない. 桿体細胞にはロドプシン（視紅）という色素があり，これが光によって分解されると細胞が興奮する. ロドプシンの合成に必要なビタミンAが不足すると夜盲症になる.

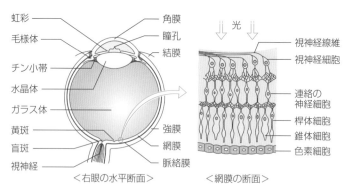

図Ⅳ-1-2　ヒトの眼の構造

　暗いところから急に明るいところに出ると，眼が眩んでしばらく見えなくなるが，時間がたつと見えるようになることを**明順応**という．逆に，明るいところから暗いところに入ると，しばらくは見えないが，まもなく見えるようになることを**暗順応**という．焦点の調節は，毛様体の収縮と弛緩，および水晶体自身の弾性によって水晶体の厚みを変えて，遠近のピントを調節し，網膜上に像を結んでいる．

2）聴覚器（耳）

　ヒトの耳は，**外耳**，**中耳**，**内耳**の三つの部分からなる（**図Ⅳ-1-3**）．音は外耳にある耳殻で集められ，外耳道を通じて中耳にある**鼓膜**を振動させる．この振動は**耳小骨**（ツチ骨，キヌタ骨，アブミ骨）で強められ，内耳にあるうずまき管の基底膜にある聴細胞を興奮させ，聴神経を通じて大脳に伝えられる．

3）嗅覚器（鼻）

　ヒトでは，鼻腔の奥にある嗅上皮に存在する**嗅細胞**が，鼻に入った化学物質によって興奮し，嗅神経を通じて大脳に刺激を伝える（**図Ⅳ-1-4**）．

4）触覚器（皮膚）

　ヒトの皮膚には，痛覚，触覚，圧覚，温覚，冷覚の**感覚点**（痛点，触点，圧点，温点，冷点）が分布している．分布の状態は体の場所によって差がある．

　痛覚は神経の自由末端，触覚はマイスナー小体，圧覚はパチニ小体，温覚はルフィーニ小体，冷覚はクラウゼ小体がそれぞれの刺激を神経を通じて大脳に伝える．

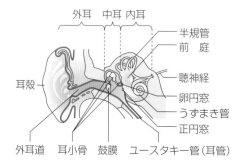

図Ⅳ-1-3　ヒトの耳の構造

263-00580

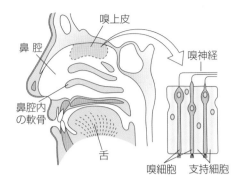

図Ⅳ-1-4　ヒトの鼻の構造

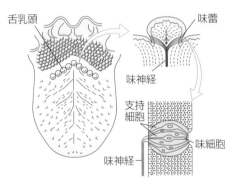

図Ⅳ-1-5　ヒトの舌の構造

図Ⅳ-1-6　ヒトの半規管と前庭の構造

5）味覚器（舌）

　ヒトでは，舌の**味覚芽**（**味蕾**）にある味細胞が液体中の化学物質によって起こる刺激を感じ，味神経を通じて大脳に伝える（**図Ⅳ-1-5**）．舌には，"酸味，甘味，苦味，塩味，旨味"の5種類の味覚を感じる味細胞があるが，それぞれの味細胞の分布は異なっている．

6）平衡感覚器（内耳）

　動物が姿勢を正しく保つ感覚を平衡感覚といい，ヒトの内耳のうずまき管には，リンパ液によって，回転や速度を感じる三つの**半規管**と体の傾斜を感じる**前庭**がある（**図Ⅳ-1-6**）．これらの平衡感覚器によって体の動きを感じ，姿勢を正確に保つことができる．

 ## 2　神経系による刺激の伝達

　脊椎動物には管状の神経系が発達していて，環境の変化に速やかに対応し，体の調節をしている．

1. ニューロンは刺激の伝達経路をつくる

　神経系は多数の**ニューロン**（**神経細胞**）が連絡し合って，興奮を感覚器から効果

器へと伝える経路をつくる．感覚器から中枢に達する経路（求心性経路）をつくる神経を**感覚神経**，効果器の筋細胞に達する経路（遠心性経路）をつくる神経を**運動神経**という．中枢神経が感覚神経と運動神経を結びつけている．ニューロンは，効果器の細胞やほかのニューロンと**シナプス**とよばれる結合をする（**図Ⅳ-1-7**）．

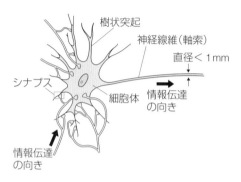

図Ⅳ-1-7　ニューロンのシナプス（新版 細胞生物学[7]より）

2. 興奮の伝導

　　ニューロンの細胞膜の外側にある Na^+ は，膜の内側より多く，逆に K^+ は膜の内側に多く，外側には少ない．これは，細胞膜に存在する Na^+，K^+ －ポンプが Na^+ をくみ出し，K^+ をくみ入れる能動輸送を行うので，外側は（＋）に内側は（－）に分極して膜の内外に電位差を生じる．内側は外側に比べ約 -60 mV になっている．これを**静止電位**という．

　　細胞膜が刺激を受けると Na^+ イオンの透過性に変化が起き，瞬間的（1/1000 秒）に Na^+ が内側に流入して，外側が（－）で内側が（＋）になって（約＋40mV）電位差が逆転する．このときの電位の変化を**活動電位**（約 100mV）という．活動電位の発生が神経の**興奮**である（**図Ⅳ-1-8，9**）．この変化は，隣接の膜に次々に伝わり，**興奮の伝導**が起こる．ニューロンに興奮を起こさせる刺激には，ある一定以上の強さ（**閾値**）が必要である．しかし閾値を超えてしまうと，刺激の強さと無関係に興奮が生じる．これを**"全か無かの法則"**という．

3. 興奮はシナプスで伝達される

　　興奮が軸索の末端に届くと，末端に存在するシナプス小胞から，**神経伝達物質**がシナプス間隙に放出される．この神経伝達物質は，次のニューロンの細胞膜を刺激し，興奮を起こさせる．これを興奮の伝達という．神経伝達物質にはさまざまな種類があるが，交感神経では**ノルアドレナリン**が，体性神経と副交感神経では**アセチルコリン**が分泌される．ノルアドレナリンやアセチルコリンなどが作用するシナプスは，次のニューロンを興奮させるので，興奮性シナプスという．一方，γ - アミノ酪酸（GABA）のように，次のニューロンを抑制させる神経伝達物質もあり，この場合，抑制性シナプスという（**図Ⅳ-1-10**）．

263-00580

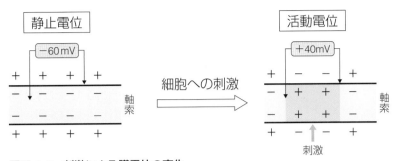

図Ⅳ-1-8 刺激による膜電位の変化
膜の外側は正（＋）で，内側は負（−）になっているが，刺激を受けると電位が逆転し，内側が正（＋）で外側が負（−）になる

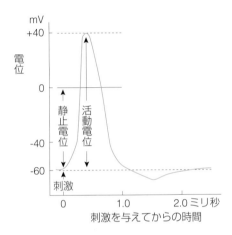

図Ⅳ-1-9 静止電位と活動電位の発生
刺激による電位変化を活動電位といい約100mVである

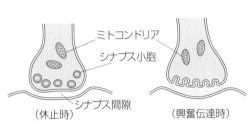

図Ⅳ-1-10 シナプスにおける興奮の伝達
シナプス小胞から神経伝達物質が放出されて，次の神経細胞に活動電位が生じる

このように神経興奮が電気信号の伝達であることから，①反応がきわめて速い，②一過性で持続性がない，③反応の後しばらく不応期がある，といった特徴を持つ.

③ 中枢神経と末梢神経

　脊椎動物の神経系は管状神経系であり，**中枢神経系**と**末梢神経系**とに分けられる. 中枢神経には**脳**と**脊髄**があり，末梢神経は**自律神経**（交感神経と副交感神経）と**体性神経**（感覚神経と運動神経）がある（**表Ⅳ-1-2**，**図Ⅳ-1-11**）.

1. 中枢神経が動物の活動を制御する

1）脳

　哺乳類の脳は，外胚葉の神経管の前部がくびれて分化したものである. 脳はそ

表IV-1-2　ヒトの神経系の構造と働き

神経系の成り立ち

神経系	中枢神経系	脳	大脳・間脳・中脳・小脳・延髄
		脊髄	脊柱の中を通る，中心管・灰白質・白質がある
	末梢神経系	脳神経	脳から出る 12 対の末梢神経
		脊髄神経	脊髄から出る 31 対の末梢神経

末梢神経系の働き

末梢神経系	体性神経系	感覚神経	感覚器からの刺激を脳に伝える（求心性経路）
		運動神経	脳からの指令を効果器に伝える（遠心性経路）
	自律神経系	交感神経	内臓・血管・分泌線などの働きを調節する
		副交感神経	交感神経と副交感神経は拮抗的に働く

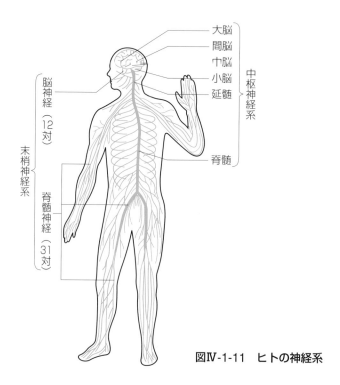

図IV-1-11　ヒトの神経系

の構造と働きの違いから，**大脳**，**間脳**，**中脳**，**小脳**，**延髄**に分けられる（**図IV-1-12**）．脳は左右に分かれ，橋でつながっている．表層の皮質は灰白質（神経細胞体が多い）で，内側の髄質は白質（軸索が多い）である．

（1）大脳

皮質は新皮質と古皮質・旧皮質に分かれる．新皮質は学習行動，経験行動，皮膚感覚，随意運動などの中枢で，古皮質・旧皮質は本能的行動，感情的行動などの中枢である（**図IV-1-13**）．

（2）脳幹（中脳，間脳，橋，延髄を合わせて脳幹という）

間脳は視床と視床下部からなり，自律神経系とホルモンの中枢で，体温，血圧，睡眠をコントロールしている．特に視床下部は，自律神経系の総合的な働きの中枢

263-00580

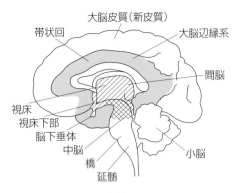

図Ⅳ-1-12　ヒトの大脳

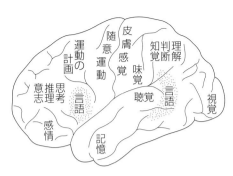

図Ⅳ-1-13　ヒトの大脳皮質

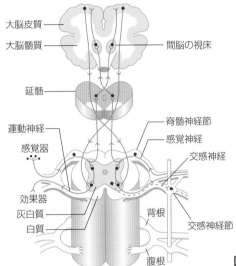

図Ⅳ-1-14　脊髄の構造

である．中脳は眼球の運動，瞳孔の拡大と縮小，姿勢の保持などの中枢である．延髄は呼吸運動，心臓の拍動，せき，くしゃみなどの中枢である．

　なお，延髄，橋のすぐ背側にあるのが小脳で，筋肉の緊張保持，体の平衡をコントロールしている．

2）脊髄（図Ⅳ-1-14）

　延髄の下方から延びて脊柱の中を通る細長い神経で，脳と末梢神経を結ぶ興奮の伝達経路である．横断面にすると内側にH状の髄質（灰白質）がみられ，その外側の皮質は白質である．

2．末梢神経系は体性神経と自律神経からなる

　末梢神経系は，**体性神経**と**自律神経**（図Ⅳ-1-15）によって構成されるが，これらの神経を構成するのは，視覚や聴覚などさまざまな感覚器官からの情報を中枢に伝える**感覚神経**と，逆に中枢からの情報を筋肉や内臓などに送り出す**運動神経**である．これらの神経は，ヒトでは，脳から出入りする12対の**脳神経**と，31対の**脊**

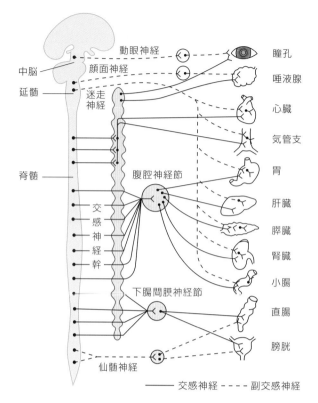

図Ⅳ-1-15　自律神経（細胞からみた生物学[10]より改変）
自律神経はさまざまな器官の働きを交感神経と副交感神経が互いに拮抗して調節する

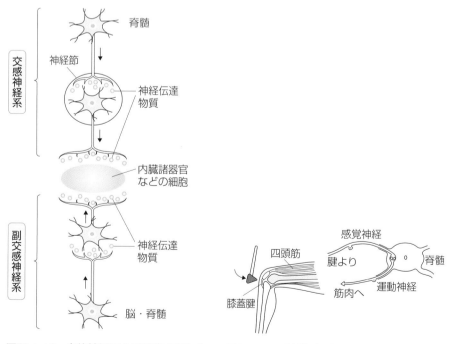

図Ⅳ-1-16　自律神経による情報の伝わり
自律神経は，末端から神経伝達物質を分泌し，器官の働きの調節を行う

図Ⅳ-1-17　膝蓋腱反射

263-00580

髄神経がある．脳神経は感覚神経，運動神経とこれらの両方をもつ混合神経でできている．脊髄神経はすべて感覚神経と運動神経の両方からなる混合神経である（**図Ⅳ-1-16**）．

1）体性神経系は皮膚・骨格筋・腱を支配する

体性神経系は外部からの刺激を受ける感覚器から中枢神経に情報を伝える神経と，中枢神経から骨格筋に運動指令を伝える神経で構成される．この神経系による運動の一つに，刺激に対する自動的ですばやい反応（**反射**）がある．この反応は**反射弓**という経路を経て，大脳の支配を受けず刺激に対して無意識に起こるのが特徴である．興奮が折り返す神経節や中枢神経を**反射中枢**といい，脊髄，延髄，中脳などにあるが，膝蓋腱反射は**脊髄反射**の一つである（**図Ⅳ-1-17**）．

2）自律神経系は心筋・平滑筋・腺の活動を調節する

自律神経系は，**交感神経系**と**副交感神経系**の二つによって構成されている（**表Ⅳ-1-3**）．交感神経系は心拍数を上げ気管支を拡張させるなど，体の活動を活発化させる一方で，消化管の働きなどを抑制する活動を司る．この神経系には**ノルアドレナリン**が伝達物質として働く．副交感神経は瞳孔を収縮させる，食物の消化を促進させるなど，主に体を普段の状態に維持する働きを司る．**アセチルコリン**がこの神経系の伝達物質である．

表Ⅳ-1-3　交感神経と副交感神経の働き

	交感神経	副交感神経
瞳　孔	拡　大	縮　小
唾液腺	分泌促進（粘液成分）	分泌促進（酵素成分）
心　臓	拍動促進	拍動抑制
気管支	拡　張	収　縮
肝　臓	活動促進	活動抑制
膵　臓	分泌抑制	分泌促進
消化管	蠕動運動抑制	蠕動運動促進
腎　臓	活動抑制	活動促進
膀　胱	排尿抑制	排尿促進
汗　腺	汗の分泌促進	―
血　管	収　縮	拡　張
血　圧	上　昇	下　降
立毛筋	収　縮	弛　緩

4　反応と効果器

生物体の内外の刺激に対して，収縮や分泌などすばやく働く装置を効果器という．筋肉や分泌腺は効果器である．

2 内部環境を保つ仕組み

1 多細胞生物のからだは体液で満たされている

1. ホメオスタシス

多細胞生物のからだは**体液**に満たされており，その中で酸素や栄養分など必要な物質を取り入れたり，二酸化炭素など細胞の活動で生じた老廃物を排出している．細胞が正常で安定した活動を行うためには，温度，塩濃度，浸透圧などの**内部環境**が常に一定に維持されていなければならない．内部環境を一定に保つ性質を**ホメオスタシス（恒常性）**という．特に哺乳類では，体温や体液中の成分などをホルモン（内分泌系）と神経系の働きによって一定に保つ仕組みが発達している（**図Ⅳ-2-1**）．

2. 体液と浸透圧

脊椎動物の体液には，**血液**，**リンパ液**，**組織液**などがあり，体内の各細胞に栄養

263-00580

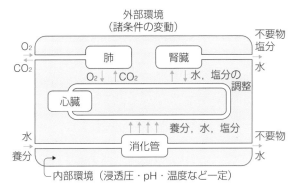

図Ⅳ-2-1　外部環境と内部環境（カラー版現代生命科学の基礎 [1] より）
体液は，細胞が直接ふれている環境であり，外部環境に対して内部環境という

分，酸素，ホルモンなどを供給している．また，各細胞から出る老廃物を受け取って体外に排出している．体液の浸透圧は一定の範囲に保たれているが，その調節は主に腎臓が行っている．

3. 血液，リンパ液，組織液

　哺乳類などは，心臓や血管などの循環器をもち，血液を循環させている．血管は動脈から枝分かれして毛細血管となり，血液の一部は組織にしみ出るが，再び集まって静脈となる．このように，血管が末端の組織で開放していない**閉鎖血管系**である．一方，エビや貝類などは，末端の血管は組織に開放した後に静脈に集まる**開放血管系**である．哺乳類の循環系には，**血液**と**リンパ系**がある（**図Ⅳ-2-2**，**表Ⅳ-2-1**）．血液は**赤血球**，**白血球**，**血小板**の血球成分と液体成分の**血漿**に分けられる．リンパ液は，血漿が毛細血管から組織にしみ出したもので，集合してリンパ管に集まり，次第に大きな管になり鎖骨下静脈に合流する．組織液は，血管からしみ出した血液の液体成分で，細胞に酸素と栄養分を与え，排出物を受け取る．大部分は毛細血管に戻り，一部はリンパ管に入ってリンパ液になる．

1）赤血球は酸素と二酸化炭素を運搬する

　哺乳類の赤血球には核がなく，色素タンパク質の**ヘモグロビン**が含まれる．ヘモ

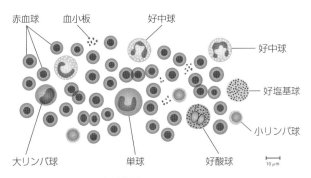

図Ⅳ-2-2　ヒトの血液標本

表IV-2-1　血液の構成

				大きさ（μm）	数（個/μL）
血液	血球	赤血球		7〜8	450万〜500万
		白血球	顆粒白血球 好中球	5〜20	4,000〜8,000
			好酸球		
			好塩基球		
		無顆粒白血球	大リンパ球		
			小リンパ球		
			単球		
		血小板		2〜3	10万〜40万
	血漿	フィブリノーゲン			
		血清			

グロビンは，肺胞など酸素濃度の高いところでは速やかに酸素と結合するが，酸素が消費される末梢の組織中では酸素濃度が低くなっているので，酸素を放出して細胞に供給する．一方，二酸化炭素は赤血球の中に入り，一部はヘモグロビンと結合するが，大部分は炭酸脱水素酵素の働きで炭酸水素イオン（HCO_3^-）となって血漿に溶けて肺胞まで運ばれる．

2）白血球は生体防御を行う

白血球は顆粒球と無顆粒球の2種類ある．好中球，好酸球，好塩基球はいずれも細胞の中に多数の顆粒を含む顆粒球である．単球やリンパ球は無顆粒球である．これらの白血球が毛細血管の隙間から組織中に出て，体内に進入した異物の認識や，食作用による取り込み（貪食）を行うことによって排除する**生体防御**を行う．

血小板は，血液が体外へ流出したときに**凝固**する仕組みに関係する．血漿は血液の55%を占める液体成分で，アルブミン，グロブリン，フィブリノーゲンなどのタンパク質，脂質，塩分，グルコースなどが溶けている．また，血漿は小腸で吸収した栄養物質やホルモンなどを運搬する．

2　ホルモンとその働き

多細胞動物では，細胞相互のコミュニケーションを密にして，調和のとれた個体の活動を維持しているが，その中心的役割を担っているのは**ホルモン**である．

1. ホルモン

ホルモンは**内分泌腺**（細胞）でつくられる化学物質の総称で，血液（組織液）中に分泌され，全身を循環する．ホルモンを受容するタンパク質（受容体）をもつ細胞（**標的細胞**）は，ホルモンによってその細胞の活動が活発になったり抑制されたり，さまざまな影響を受ける（**図IV-2-3, 4**）．

263-00580

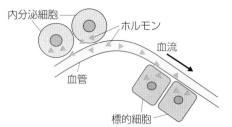

図Ⅳ-2-3　内分泌系の概念図

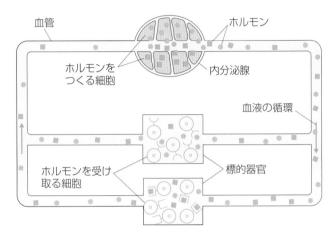

図Ⅳ-2-4　ホルモンの分泌と受容
分泌されたホルモンは血液によって運ばれ，標的器官に受け取られて作用する

　ホルモンの特徴として，「非常に微量で影響を与える」「継続的に分泌され，影響を与え続ける」「即効性（神経に比べると遅い）がある」「特定の組織・器官の細胞にのみ働く」などがある．

2．ホルモンの種類

　ヒトの主な内分泌腺（細胞）は，視床下部，脳下垂体，膵臓，副腎皮質，生殖腺（卵巣，精巣）などの器官内にあり，それぞれのホルモンを生産・分泌している（**表Ⅳ-2-2，図Ⅳ-2-5**）．ホルモンの分子は，タンパク質（ペプチド）系，ステロイド系，アミノ酸誘導体である．

3．ホルモンのフィードバック調節

　血液中のホルモンの量は，多すぎても少なすぎても生体に変調をきたし，病気の原因になったりするので，必要な量を一定の範囲内に保つ仕組みが存在する．
　たとえば，甲状腺から分泌されるチロキシンの量が多すぎると，チロキシン自身が，脳下垂体前葉から分泌される甲状腺刺激ホルモンや，視床下部で生産される**甲状腺刺激ホルモン放出ホルモン**の分泌を抑制して，チロキシンの量を減少させる働きがある．このような仕組みを**フィードバック調節**という（**図Ⅳ-2-6**）．

表Ⅳ-2-2　主な内分泌腺とホルモン（ヒューマンバイオロジー[11]より）

内分泌腺		分泌されるホルモン	化学的性状	標的器官／組織	ホルモンの主作用
視床下部		下垂体前葉ホルモンの放出ホルモンまたは抑制ホルモン	ペプチド	下垂体前葉	下垂体前葉ホルモンの分泌調節
脳下垂体後葉		バソプレシン	ペプチド	腎臓	腎臓における水の再吸収の促進
		オキシトシン	ペプチド	子宮・乳腺	子宮筋収縮，射乳
脳下垂体前葉		甲状腺刺激ホルモン（TSH）	糖タンパク質	甲状腺	甲状腺の刺激
		副腎皮質刺激ホルモン（ACTH）	ペプチド	副腎皮質	副腎皮質の刺激
		性腺刺激ホルモン（FSH，LH）	糖タンパク質	性腺	卵成熟，精子形成，性ホルモンの産生
		プロラクチン（PRL）	タンパク質	乳腺	乳汁の産生
		成長ホルモン（GH）	タンパク質	軟部組織・骨	細胞分裂，タンパク質合成の促進，骨の成長
		メラニン細胞刺激ホルモン（MSH）	ペプチド	皮膚のメラニン細胞	ヒトでの作用は不明，魚類・両生類・爬虫類では皮膚色の調節
甲状腺		チロキシン（T4）・トリヨードチロニン（T3）	ヨウ化アミノ酸	すべての組織	代謝の促進，成長・発達の調節
		カルシトニン	ペプチド	骨・腎臓・腸	血中カルシウム濃度低下
副甲状腺（上皮小体）		副甲状腺（上皮小体）ホルモン（PTH：パラトルモン）	ペプチド	骨・腎臓・腸	血中カルシウム濃度上昇
副腎皮質		糖質コルチコイド（コルチゾルなど）	ステロイド	すべての組織	血糖値上昇，タンパク質の分解促進
		鉱質コルチコイド（アルドステロンなど）	ステロイド	腎臓	ナトリウムの再吸収の促進，カリウムの排泄
		性ホルモン	ステロイド	性腺・皮膚・筋・骨	生殖器の分化促進，二次性徴の発現
副腎髄質		アドレナリン・ノルアドレナリン	修飾アミノ酸	心筋・骨格筋	緊急事態に対応，血糖値上昇
膵臓		インスリン	タンパク質	肝臓・筋・脂肪組織	血糖値低下，グリコーゲンの合成促進
		グルカゴン	タンパク質	肝臓・筋・脂肪組織	血糖値上昇
性腺	精巣	アンドロゲン（テストステロンなど）	ステロイド	性腺・皮膚・筋・骨	男性の二次性徴発現
	卵巣	エストロゲン・プロゲステロン	ステロイド	性腺・皮膚・筋・骨	女性の二次性徴発現
胸腺		サイモシン	ペプチド	T細胞	T細胞の分化と成熟
松果体		メラトニン	修飾アミノ酸	脳	概日および概月リズム，生殖器の発達に関連している可能性あり

263-00580

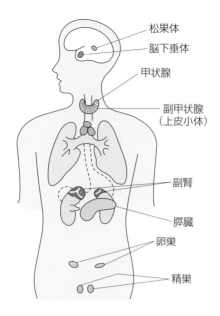

図IV-2-5　ヒトの主な内分泌器官

図中ラベル：松果体、脳下垂体、甲状腺、副甲状腺（上皮小体）、副腎、膵臓、卵巣、精巣

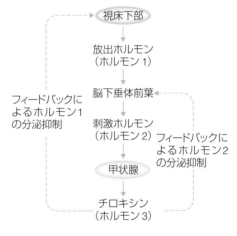

図IV-2-6　チロキシンによるフィードバック調節

放出ホルモンは脳下垂体前葉に働きかけて，甲状腺刺激ホルモンを分泌させて甲状腺からのチロキシン分泌を促す．一方，チロキシンの分泌が過剰になると，チロキシンが脳下垂体や視床下部に働いて，それぞれのホルモンの分泌を抑え，チロキシンの分泌が減少する

図中ラベル：視床下部、放出ホルモン（ホルモン1）、フィードバックによるホルモン1の分泌抑制、脳下垂体前葉、刺激ホルモン（ホルモン2）、フィードバックによるホルモン2の分泌抑制、甲状腺、チロキシン（ホルモン3）

4. 性周期とホルモン

　　動物は，繁殖期になると雌雄の生殖腺が発達し，性ホルモンが分泌され，**第二次性徴**を発現させて性行動が始まる．哺乳類では性周期がみられるが，ヒトでは月経周期といい，28日間の性周期がある．周期の前半では卵胞ホルモン（エストロゲン）が分泌されて，中頃に排卵が起きる．後半では黄体ホルモン（プロゲステロン）が分泌されて子宮粘膜が発達するが，受精しないと子宮粘膜が崩れて月経が起きる．受精したときは黄体が発達し，胎盤からも黄体ホルモンが分泌されて妊娠を維持し，排卵を抑える．

5. 塩濃度とホルモン

　　体液の塩濃度はホルモンによって調節されている．体の水分量が減少し塩濃度が

高まると，間脳の視床下部にある神経分泌細胞でつくられた**バソプレシン**が脳下垂体後葉から分泌され，腎臓の尿細管での水の再吸収を促進し，尿を減らして水分の排出を抑制する．

逆に，塩濃度が低下すると，バソプレシンの分泌が抑制され，腎臓の尿細管での水の再吸収が減少し，尿の量が増加して塩濃度が上昇する．

また，鉱質コルチコイドは，ナトリウムイオンの再吸収を促進する（**図Ⅳ-2-7**）．

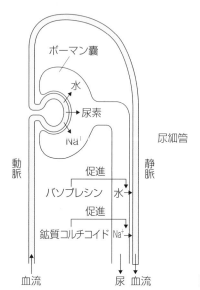

図Ⅳ-2-7 血液の塩濃度調節（生物学と人間[5]より）

 3 ## 自律神経とホルモンの協調作用

自律神経の交感神経と副交感神経は，ホルモンなどと協調して，体内の恒常性を保つための働きを行っている．

1. 血糖値

血液中のグルコースは，細胞のエネルギー源であるとともに，生体の浸透圧を一定に保つ役割を担っているので，グルコースの量が基準からはずれた状態が続くと生体に障害が起きる．

血液中のグルコースの量を**血糖値**といい，ヒトでは通常血液 1ml 中に 1mg 含まれている（**図Ⅳ-2-8**）．食事などで血液中の血糖値が上昇すると，間脳にある血糖感知システムが働いて，副交感神経を通じて膵島の B 細胞からインスリンの分泌を促す．インスリンは肝臓などでのグリコーゲン合成を促進するので，血糖値は低下する．

逆に血液中のグルコース量が少なくなると，間脳にある血糖感知システムが働いて，交感神経の刺激を受けた副腎髄質からアドレナリンが分泌され，肝臓や筋肉な

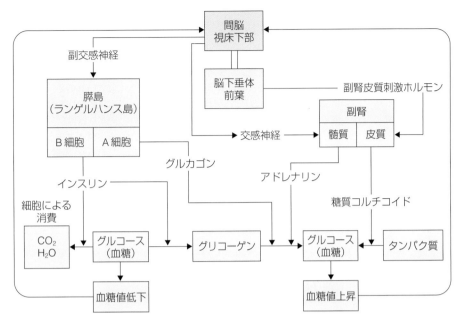

図IV-2-8　血糖値の調節の仕組み
血中のグルコース量が上昇すると，インスリンによって肝臓や筋肉にグリコーゲンとして蓄えられ，血糖値は下がってもとに戻る．血糖値が低下すると，グルカゴンやアドレナリンによって，肝臓でグリコーゲンがグルコースに分解されるので，血糖値が上昇する．アドレナリンは交感神経の刺激によって分泌される

どにあるグリコーゲンの分解を促進してグルコースをつくり，血糖値を上昇させる．また，グルカゴン，糖質コルチコイドも血糖値を上昇させるホルモンである．

2. 体温

　細胞を構成するタンパク質や脂質は，温度変化によってその働きが影響を受け変化するので，生物にとって体温を一定に保つことは，生命活動を維持・持続するうえで大変重要である．哺乳類は，体温を一定に保つ仕組みを備えた**恒温動物**なので，寒暖に関係なく活動することができる．

　ヒトの場合，寒さを感じると，視床下部にある**体温調節中枢**は交感神経を通じて皮膚の毛細血管を収縮させて熱の放出を防ぎ，筋肉を震わせてATPの消費に伴う熱を発生させる．

　一方，脳下垂体前葉から甲状腺刺激ホルモンを分泌させ，甲状腺から分泌されるチロキシンの量を増やす．チロキシンは代謝を向上させるので，体温が上がる．また，交感神経を通じて副腎皮質から分泌される糖質コルチコイドや，髄質から分泌されるアドレナリンも代謝を高めて体温を上げる．

　体温が高いときは，体温調節中枢は交感神経を通じて発汗させ，水分の蒸発に伴って熱を下げる．また，皮膚の毛細血管を拡張させて熱の放出を促進し，体温を下げる．

コラム

内分泌撹乱物質（環境ホルモン）

　近年，世界的規模で，生殖器に異常のある野生動物が多数みられるようになった．たとえば，「アメリカのアポプカ湖では雄のワニの生殖器が小さくなり，子ワニが減少している」，「イギリスのある川では雌雄同体の生物が多数発生している」，「日本のイボニシなどの貝の雌が雄化している」などが報告されている．

　これらの原因として，人間が環境に排出する化学物質（農薬，工業排水など）が，動物のホルモン（特に性ホルモン）の化学構造に似ているので，野生動物に取り込まれると，本来生物がもつホルモンの作用が妨害され，異常な器官がつくられた結果と考えられている．ダイオキシン，PCB（ポリ塩化ビフェニール），有機スズ，ノニルフェノール，ビスフェノールA，フタル酸エステルなどの化学物質が，内分泌撹乱物質の可能性が高いと考えられている．

4　生体防御

1．生体防御

　生物はさまざまな方法で，外敵から身を守り生命を維持している．

　ヒトの場合，皮膚の表面は硬い角質層となって，ウイルスや細菌などの病原体の侵入を防いでいる．また，消化管や気道の表面は粘膜や繊毛になっていて，病原体が侵入しにくく，排除しやすい構造になっている．唾液，涙，汗，鼻汁，胃酸などの体液も病原体を洗い流したり，殺菌したりして生体を防御する．体内に病原体が侵入したときは，**免疫**という仕組みで無毒化して排除し，生体を守っている．これらの現象は，「自己と非自己を区別し，非自己を排除する」という動物の根源的な性質に基づいている（**図Ⅳ-2-9**）．

1）血液凝固

　ヒトは外傷を受けると出血するが，傷口が小さいときは直ちに血小板が凝集して傷口をふさぐとともに，血液が凝固して止血し，傷口からの細菌の侵入を阻止する．血液凝固は生体防御の重要な働きである．損傷組織の細胞からトロンボプラスチンが放出されると，血漿中の数種類の凝固因子とカルシウムイオンが関与してトロン

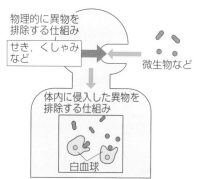

図Ⅳ-2-9　生体防御

263-00580

ビンが活性化されて，フィブリノーゲンを長い繊維状のフィブリンに変える反応が起こる．この結果，赤血球や白血球が血小板血栓の周りにからみついて血液の固まりが形成される．血液を試験管の中で凝固させてできる固まりを**血餅**，黄色の上澄みを**血清**という．

2. 免疫系

免疫とは「病気を免れる」ということからつけられた言葉である．麻疹などの感染症に一度かかると再びかからないか，かかっても軽くすむ現象が昔から知られている（**図IV-2-10**）．生体には，体内に侵入した病原体を排除するとともに，その病原体を記憶する仕組みが備わっている．免疫には，生まれつき備わっている**自然免疫**と，生後病原体などに出会ってつくられる**獲得免疫（後天性免疫）**がある．獲得免疫は**細胞性免疫**と**液性免疫（体液性免疫）**とに分けられる（**図IV-2-11**）*．

1）自然免疫

病原体が体内に侵入すると，血液中の白血球（好中球），単球，マクロファージ，樹状細胞が，病原体を食べて（貪食）排除する．

2）獲得免疫（後天性免疫）

（1）細胞性免疫

キラーT（Tc）細胞が侵入した病原体を攻撃し死滅させる．またウイルスなどに感染した自身の細胞を攻撃し，死滅（アポトーシス）させる．なお，T細胞は骨髄で生産されるリンパ球で，胸腺で増殖・成熟した後に，血液とともに全身を巡回している．T細胞にはキラーT細胞，ヘルパーT細胞などがある．

（2）液性免疫

マクロファージや樹状細胞は，侵入した病原体を食べて（貪食）排除するとともに，病原体の情報をヘルパーT細胞に伝える（抗原提示）．このヘルパーT細胞が

*リンパ節，骨髄，胸腺，脾臓などが免疫に関係する．

抗体

抗体は免疫グロブリンというタンパク質であり，H鎖とL鎖の2種類のポリペプチドがそれぞれ2本ずつ組み合わさり，Y字型をしている．抗体が抗原に結合する部分は抗原によって変化するので，可変領域という．それ以外の部分はどの抗体も同じなので，定常領域という．また，抗体の産生する場所や分子構造などの違いにより，5種類のクラス（IgG，IgA，IgM，IgE，IgD）があるが，最も多いのはIgGである．

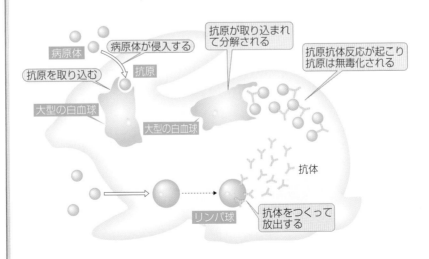

病原体
病原体が侵入する
抗原が取り込まれて分解される
抗原を取り込む
抗原
抗原抗体反応が起こり抗原は無毒化される
大型の白血球
大型の白血球
抗体
リンパ球
抗体をつくって放出する

図IV-2-10　免疫の仕組み

263-00580

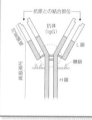

抗体（IgG）の構造

　２本のＨ鎖と２本のＬ鎖から構成されている．抗原によって可変領域が変化し，先端部でそれぞれの抗原と結合する．Ｌ鎖とＨ鎖の構造と組合せを少しずつ変えることで，多様な抗体分子（約192万通り以上）をつくることができる．

表Ⅳ-2-3　Ｂ細胞の特徴

・細菌などに対する体液性免疫の主役である
・骨髄中で産生され成熟する
・脾臓やリンパ節中に存在し，血液やリンパ中を循環する
・抗原を直接認識し，特異性をもつ免疫グロブリンを産生するように　プログラムされる（クローン選択）
・選択された細胞が増殖して，抗体産生を行う形質細胞とメモリーＢ細胞がつくられる

　Ｂ細胞を刺激すると，Ｂ細胞は分裂・増殖をして形質（プラズマ）細胞となり，**抗体**を産生し放出する（Ｂ細胞は骨髄で生産されるリンパ球で，脾臓やリンパ節で成熟する；**表Ⅳ-2-3**）．抗体は病原体と結合してその働きを奪い（**抗原抗体反応**），無毒化して体外に排出する．このように抗体を産生させる病原体などの異物を**抗原**という．抗原が抗体によって排除されると，抗体の産生は減少するが，一部のＢ細胞は記憶していて（免疫記憶），次に同じ抗原が侵入したときは速やかに抗体を産生し，異物を排除することができる（**図Ⅳ-2-11**）．このとき抗体と協同して働く物質を**補体**という．

3．アレルギー

抗原

　体内で免疫反応を引き起こす異物を抗原といい，細菌，ウイルス，タンパク質，多糖類などが含まれる．

　本来，生体を守る役割の免疫機能が，異物に対して過剰に反応し，不快な症状，炎症，病気などを起こす現象である．スギなどの花粉（無毒）が体内に入ると，生体は異物と認識して排除するために，抗体（IgE）を産生する．このIgEが鼻腔・気管などの粘膜にある**肥満細胞**に付着する．ここに花粉が再び入り抗体と結合すると，肥満細胞からヒスタミンなどの活性物質が放出される．このヒスタミンは神経を刺激し，粘液の分泌を亢進し，平滑筋の収縮を引き起こすので，くしゃみ，鼻水，目のかゆみなど不快な症状が出る．このほかにも，ハウスダスト，金属などのアレ

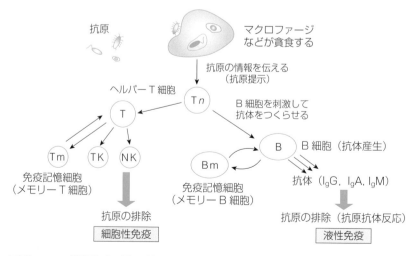

図Ⅳ-2-11　獲得免疫（後天性免疫）の仕組み

263-00580

ルギーがある．また，喘息，蕁麻疹，アトピー性皮膚炎もアレルギーの一種である．

4. 自己と非自己の区別

　免疫反応では自分のからだを構成する細胞は攻撃しない**免疫寛容**という仕組みがある．他人の皮膚や臓器を移植すると**拒絶反応**が起こり排除する．これは，細胞の表面に個体独自の糖タンパク質の**主要組織適応抗原**（MHC 抗原）があり，ヒトではHLA 遺伝子によって決定されている．このような遺伝子の構成を調べて親子鑑定に使うことがある．

5. 免疫の応用

　ジェンナーは，「ヒトは牛痘にかかると，天然痘にかからない」ことをつきとめ，人為的に牛痘をヒトに植え付け，天然痘に感染しないことを証明した．その後，パスツールによって予防接種が開発され，感染症を防ぐための予防接種が一般的に行われるようになった．

　現在行われている予防接種は，**ワクチン**を注射（予防接種）し，人為的に免疫を獲得させる方法である．ワクチンは毒性を弱くした病原体や，その構造の一部などをもとにつくられている．

　日本では，幼児期に百日咳，結核，日本脳炎，ポリオなどのワクチンを投与（予防接種）している．また，インフルエンザの場合は，毎年流行する型に合わせたワクチンをつくり，予防接種（成人を含め希望者）を行っている（**表IV-2-4**）．

　また，ほかの動物に病原体や毒素を注射して抗体を産生させ，その血清（抗体が含まれている）を治療に用いる方法（**血清療法**）もある．癌治療においても，免疫機構を利用した療法が行われている．

表IV-2-4　定期予防接種の疾病と対象者（「予防接種法」の定めによる）

疾病	対象者・対象期間
ジフテリア	①生後 3 月から生後 90 月に至るまでの間にある者 ② 11 歳以上 13 歳未満の者
百日咳	生後 3 月から生後 90 月に至るまでの間にある者
ポリオ	生後 3 月から生後 90 月に至るまでの間にある者
麻　疹	生後 12 月から生後 24 月に至るまでの間にある者
風　疹	生後 12 月から生後 24 月に至るまでの間にある者
日本脳炎	①生後 6 月から生後 90 月に至るまでの間にある者 ② 9 歳以上 13 歳未満の者
破傷風	①生後 3 月から生後 90 月に至るまでの間にある者 ② 11 歳以上 13 歳未満の者
インフルエンザ	① 65 歳以上の者 ② 60 歳以上 65 歳未満の者であって，心臓，腎臓もしくは呼吸器の機能またはヒト免疫不全ウイルスによる免疫の機能に障害を有する者として，厚生労働省令で定めるもの
結　核	生後 6 月に達するまでの期間

HIV 感染と AIDS

　1980年代の初めに，アメリカで，細菌やウイルスに感染し，さまざまな病気で死に至る人たちが集団的に発生した．この人たちに共通する現象は「免疫不全」で，根本的治療がなく，また原因も不明であった．1982年に米国防疫センターは，こうした病気を AIDS（Acquired Immune Deficiency Syndrome：後天性免疫不全症侯群）とよんだ．1983年に，これらの原因は HIV（Human Immunodeficiency Virus：ヒト免疫不全ウイルス）の感染によって起こることが，アメリカとフランスで判明した．

　この HIV は T 細胞に感染し，2〜10年の潜伏期間の後に，T 細胞を破壊してしまう．

　T 細胞は免疫機構の中心的役割を担っているので，免疫力は著しく低下する．その結果，外部から侵入するさまざまな病原菌に対して抵抗力を失い，重篤な病気になり，死亡率も高い．

　HIV は血液と精液に多く存在し，唾液，涙，汗などには微量に存在する．感染経路は，①感染者との性行為，②感染者の輸血，③感染者からつくった血液製剤の投与，④感染者の妊娠などである．現在，世界的にみて，感染者は着実に増加している．根本的な治療方法はまだ開発されていないが，感染しても発病期間を遅らせる方法が開発されつつある．

動物アレルギー

　ここでいう動物はイヌ，ネコ，ウサギ，小鳥など，ペットとして飼育されている動物を指していて，「ペットアレルギー」などともいわれている．かつては屋外で飼育されていた動物が屋内で飼育されることが多くなり，イヌアレルギーやネコアレルギーなどになる人が急増してきた．症状としては，ある動物に触れるとかゆみ，湿疹，くしゃみなどが出たり，呼吸困難になる場合もある．原因としては，室内でペットを飼育すると，ペットが出す排泄物（体毛，羽，表皮，唾液，糞尿など）に絶えず接触しており，これをヒトが異物（抗原）として認識して，免疫機構が過剰に反応し多くの抗体が生産され，この抗体が炎症などを引き起こすと考えられている．

　これらのアレルギーを防ぐ方法としては，頻繁に掃除をすること，空気清浄機をつけることなどがあるが，根本的には屋外で飼育するか，飼育をあきらめることである．

赤血球にはなぜ核がないのか

　ヒトの赤血球は，血液 $1 mm^3$ に約500万個含まれ多量のヘモグロビンを含み酸素の運搬に働いている．赤血球には核がなく真ん中がへこんだドーナツ型で大きさはおよそ $8 \mu m$ とヒトの細胞ではもっとも小さいが，核がないことで小さくせまい毛細血管のすき間から自由に出入りできるすぐれものである．

　核がない細胞はそもそも増殖できないはずなのに，どこで核をなくしたのか？　赤血球・白血球・血小板などの血液有形成分は，おもに骨髄で造血幹細胞がホルモンの作用によっ

て（赤血球の場合はエリスロポエチン）分化（遺伝子発現の調節）してできる．赤血球の場合，完成前の赤芽球という細胞には核があるのだが，その後段階を経て血管に出る前に核が抜けて（脱核）なくなるのである．つまり，核をすててスリム化に成功した細胞なのだが，これは酸素を運搬するという特殊な任務のためというわけである．ヒトの身体は，このようにそれぞれ個性的に分化して独自の役割を果たす細胞の働きによって作られているのである．

263-00580

3 動物の行動と進化

到達目標

1 生得的行動について説明する.

2 習得的行動について説明する.

3 人類の誕生と進化について説明する.

4 地球環境の問題点について説明する（生態系，環境汚染，温暖化）.

1 動物はさまざまな行動をする

　動物はさまざまな行動を行っている.生まれつきの本能的な行動（**生得的行動**）と，生後体験的に得られた行動（**習得的行動**）である．これらは個体維持のための摂食行動と，子孫を残すための配偶行動（生殖行動）が基本になっている.

1. 生まれつきの本能的な行動（生得的行動）

1）走性

　生物はある刺激に対し反応して一定の方向に向かって移動運動をするが，これを**走性**という．刺激源に向かうときは正の走性といい，反対に遠ざかるときは負の走性という.

　たとえば，蛾は光に向かって飛んでいくが，これは正の走光性である．また，ミミズは光源に対し遠ざかるが，これは負の走光性である．ゾウリムシを試験管に入れしばらく放置しておくと，上部に集まってくる．これは負の走地（重力）性である．このような行動はさまざまな動物にみられ，特に下等な生物にとっては重要な行動である.

2）反射

　ヒトが熱した金属などに触れたとき，思わず手を引っ込めるのは生まれつき備わった行動で，**反射**という．この行動は大脳を介さず無意識に行われ，刺激→感覚器→感覚神経→脊髄→脳（延髄，中脳，間脳，小脳）→運動神経→効果器→反応の順で刺激が伝わる．この経路を反射弓という．すばやく行われるのが特徴で，本

能的に体を守る運動である（**図Ⅳ-1-17 p.82** 参照）.

3）本能的行動

春になると鳥は巣をつくり，卵を産んで雛を育てる．クモは巣を張り，餌となる昆虫を捕まえる．ミツバチは花から蜜を集め，巣に戻る．これらは**本能**に基づいて行われる行動で，遺伝的なものである.

このような行動はある刺激によって開始され，完結するまでに一連の順序がある．この本能的行動には，**鍵刺激**（かぎ）という行動を引き起こす特定の刺激がある．これらは反射の連続と考えられ，あらかじめ遺伝的にプログラムされているので，途中で条件が変わっても行動の順序の変更ができない．たとえば，ハイイロガンは，卵が巣から転がり出ると，くちばしで引き寄せて巣に戻すが，卵が転がり出たとき，人が卵を取り去っても，同じような行動を行う（**図Ⅳ-3-1**）.

4）体内時計

ヒトは暗い部屋に閉じこもっていても，約 24 時間ごとに睡眠をとりたくなる．これは主として，脳の松果体で夜間に産生される**メラトニン**というホルモンの働きによる．メラトニン分泌が増加する夜には眠くなり，夜が明けるとメラトニン分泌が減少して覚醒する．このように体内には時計のような仕組みがあり，これによって生活のリズムが保たれている．これを**体内時計**（生物時計）という．暗い部屋などで生活すると，少しずつ時間がずれていく．これは体内時計の 1 日が 24 時間に近い時間であるからで，これを**概日リズム**（がいじつ）（サーカディアンリズム）という．体内時計の 1 日の周期は，動物によって異なる.

概日リズムは，24 時間より早かったり遅かったりしてずれを生じるが，外界の刺激が 24 時間周期なので，それに同調するようになっていく.

海に生息する動物では，月の満ち欠けによって産卵をするものがあるが，これは月の周期に連動した体内時計があるからで，これを**概月リズム**（がいげつ）という.

巣の外へ出た卵を巣へ戻す行動　　　　　　　途中で卵を取り去っても行動は続く

図Ⅳ-3-1　ハイイロガンの本能的行動（図説生物 [12] より）

2. 習得的行動

1）学習による行動

（1）刷り込み

ニワトリ，アヒル，ガンなどは，孵化（ふか）後間もないときに，初めて見る動くものを親と思い込み（刷り込み），その後を付いていく後追い行動をする．刷り込みが行

われると，ほかの動物や動くおもちゃなどでも後追い行動をする．刷り込みが成立する時期は，動物によって異なる（**図IV-3-2**）.

この行動は本能に近いが，生後かたちづけられる点で本能とは異なる．

（2）条件反射

イヌに餌を与えると，唾液が分泌される．これは反射である．しかし，イヌにベルの音を聞かせても，唾液は分泌されない．ベルを鳴らしながら餌を与えることを繰り返すと，やがてベルの音を聞いただけで，イヌは唾液を分泌するようになる．これを**条件反射**という．これは新しい反射経路ができたことによると考えられる．この実験はパブロフが最初に行った（**図IV-3-3**）.

条件反射は大脳が関与するので，大脳を除去すると形成されない．

（3）試行錯誤学習

ネズミを迷路に入れ，出口に餌を置いておくと入り口から出口までの試行回数は，初めは道を間違えることが多いが，繰り返すうちに学習して次第に正しい道を通るようになり，試行回数が少なくなる．これを試行錯誤学習という．

2）知能的行動

哺乳類などの高等な動物は，経験したことのない状況に置かれたとき，過去の経験などを総合して行動を決定することがある．

チンパンジーは，天井からぶら下がっているバナナを，箱を積み重ねて登り，取ることがある．これには大脳による記憶の働きが必要で，新しい情報と記憶を整理し，統合して行動するのである．

知能的行動を示すヒト，サル，イルカなどは，大脳が発達している．

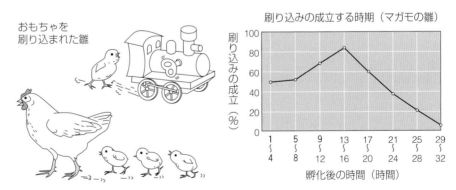

図IV-3-2　ヒヨコの後追い行動（詳説生物 [13] より改変）

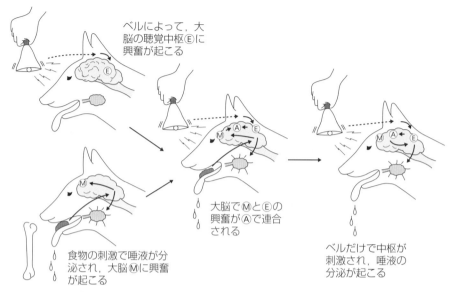

ベルによって，大
脳の聴覚中枢Ｅに
興奮が起こる

大脳でＭとＥの
興奮がＡで連合
される

ベルだけで中枢が
刺激され，唾液の
分泌が起こる

食物の刺激で唾液が分
泌され，大脳Ｍに興奮
が起こる

図Ⅳ-3-3　パブロフの条件反射の実験

2　ヒトの進化と未来

1. ヒトの進化

1）哺乳類の出現とヒトの進化

　哺乳類の祖先は鳥類より古い中生代に出現し，あらゆる空間に適応放散し繁栄している．

　サルの仲間（**霊長類**）は，中生代末期に現れた原始的な食虫類（ツパイに似た動物）から分かれたと考えられている．

（1）ヒトの祖先はサルの仲間から誕生した

　狭鼻猿類のサルは樹上生活に適応し果実を主食とし，次の理由などから，手（上肢），眼，脳などを進化させていった．

　①四肢の親指は，木の枝をつかむため，ほかの指と向かい合った．

　②手を使って枝を渡り歩くので，肩の関節が回転できるようになり，腰も伸びた．

　③枝から枝に飛び移るために，目が顔の正面に付いて，立体視を可能にした．

　約1,000万年前にアフリカ大陸に地殻変動が起こり，広大な地域が草原化し，類人猿（オランウータン，ゴリラ，チンパンジーなど）の一部が樹上から草原に生活を移して，直立二足歩行を始め，猿人が生じた．この猿人のアウストラロピテクス属から，ヒトの祖先が出現した．

　直立二足歩行をすることにより，自由になった手で道具をつくるようになった．また，頭部を背骨と骨盤で支えて脳の容積を増やし発達させることができた．さらに，咽頭が下がることにより，複雑な音声を発することができ，言語の発達が可能になった．

適応放散

　ある生物集団がさまざまな生活環境に適応して，多用な形態をもつ生物群に進化すること．

ヒト（*Homo*）属は，アウストラロピテクス属のアファール猿人かアフリカヌス猿人から進化したと考えられている（**図Ⅳ-3-4**）．

（2）原人類から旧人類が誕生した

原人類は約 200 万年前に現れ，各地で化石が発見されている．東アフリカに生息していたハビリス原人，エレクトス原人（北京原人，ジャワ原人）などである．

このなかで，現人類の直接の祖先種とされるエレクトス原人（*Homo erectus*）は，約 200 万年前に現れ，20 〜 30 万年前に絶滅した．完全な直立二足歩行で，握斧やチョッパーなどの石器を使用していた．北京原人は原始的な土器や火を使っていた．その後，約 20 万年前に旧人類のネアンデルタール人（*Homo neanderthalensis*）が出現し，3 〜 4 万年前に姿を消した．ネアンデルタール人は，脳容積が 1,200 〜 1,600 ml で，死者を埋葬し，花を添えるといった，宗教的な精神性も示していた．

（3）そして新人類（*Homo sapiens*）が誕生する

約 10 万年前にアフリカで出現した新人類（*Homo sapiens*）は，骨格上では現世人類と同じである．クロマニヨン人，縄文人などで，後期旧石器時代を発展させた．脳の容積は 1,400 ml あり，ネアンデルタール人より少なかった．クロマニヨン人は芸術的感覚に優れ，スペイン北部のアルタミラ洞窟に壁画を残している．死者に対する宗教的感情はいっそう強くなり，多数の副葬品が発見されている．

約 1 万年前から現在までの人類を現代人という．中石器，新石器，金属器の時代を経過して文明を開き，農耕，工業を発展させてきた．

2）ヒトの特徴

直立二足歩行することにより，手（上肢）が自由になり，複雑な道具の作製が可能になった．下肢は長く強くなり，骨盤は上半身を支えるため横に広がっている．脳の容積が大きくなり，特に大脳の前頭葉が発達している．咀嚼器が縮小し，顎とともに歯も小さくなっている．顔面が平面化し，音声を口腔や鼻腔で共鳴させることにより，変化の富んだ言語を発することができる．言語によるコミュニケーションが豊かになり，文化を発展させてきた．

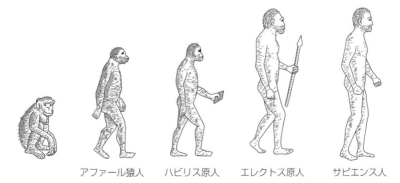

アファール猿人　　ハビリス原人　　エレクトス原人　　サピエンス人

図Ⅳ-3-4　ヒト属への進化

コ ラ ム

ネアンデルタール人はどこへ行ったのか？

ヒトに至る進化の道のりは単純ではない．およそ 10 万年前，ヨーロッパ大陸には旧人類のネアンデルタール人が，アジアなどの各地にほかのエレクトス原人が生活していた．しかし，新人類（ホモ・サピエンス）がアフリカから進出するとともに彼らはすべて滅亡してしまった．ネアンデルタール人はかなり精巧な石器を使った狩猟生活を営み死者を埋葬するなどの高い文化をもっていたが，新人類との生活をかけた競争に負けたために滅ん

だ．では，新人類はネアンデルタール人に比べてどこが優れていたのか．その一つが，言語能力の差であったと考えられている．われわれの祖先は，優れた言語能力で互いに複雑な意思の交換を行い，また情報を正確に伝えていくことで，ネアンデルタール人に比べて新しい発見や創造的な活動を伝達することができた．このような違いによって，ネアンデルタール人は住み処を追われていくことになったのであろう．

2.　地球環境

　地球に生存する生物は，光，温度，大気，土壌，海洋，湖沼，河川，森林，草原，そしてほかの生物とその活動など，さまざまな環境の影響を強く受けて生きている．人類は地球の自然のなかから生まれ，進化し，文明を発展させてきた．しかし，近年，急速に進む生活の近代化（工業化）によって，全生物の生存を脅かす環境破壊が進行している．

1）生態系

　ある地域に生息するすべての生物（生物群集）と，それを取り巻いている光，水，土，空気などの無機的環境を合わせて**生態系**という．

　生物群集には，独立栄養生物と従属栄養生物が含まれる．独立栄養生物には，光合成で有機物（グルコース）を合成する緑色植物が含まれ，**生産者**という．従属栄養生物は，栄養となる有機物をほかの生物に依存するもので，動物，菌類，細菌類などである．動物は**消費者**，菌類と細菌類は**分解者**という．

　消費者はその食性から，一次消費者（草食動物），二次消費者（草食動物を捕食する肉食動物），三次消費者（二次消費者を捕食する大型動物）に分けられる．消費者は大型の動物を頂点に，食うか食われるか（捕食と被食）の関係にあり，これを**食物連鎖**という．

　大きな生物集団では，食物連鎖は複雑に絡まって網状になっている．これを**食物網**というが，このような多種間の相互関係は，生態系の安定性を保つうえで重要である．食物網を構成する生物群集は，その個体数や生産量を，生産者を下にしてその上に一次消費者から段階的に整理すると，ピラミッドのような形になる．これを**生態ピラミッド**という（**図Ⅳ-3-5**）．

　生物の体は主に炭素，水素，酸素，窒素から構成されているが，これらの元素は呼吸，光合成，捕食，排泄，枯死，腐敗などにより，大気，土壌，生物などの間を循環する．特に炭素，窒素の循環は生物にとって関わり合いが深い（**図Ⅳ-3-6**）．

263-00580

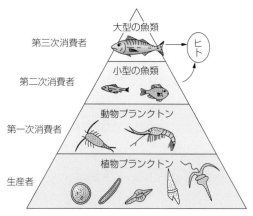

図IV-3-5　生態ピラミッド
海の中では光合成によってエネルギーを得る植物プランクトンが生産者である．これをもとにして生物の間につながりができる．このように生産者から第三次消費者までの個体数はピラミッドのような形になる

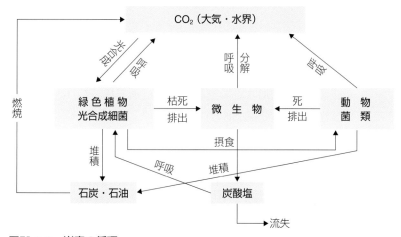

図IV-3-6　炭素の循環
大気中の炭素は，光合成で植物に取り入れられ，生物の呼吸によって大気中に戻される．また生物の遺体や排出物は，微生物（分解者）によって二酸化炭素の形で大気中に戻される

　生態系はそれを構成する要因によってバランスが保たれているが，ヒトの社会的行動によって崩されると，荒野，砂漠など生物が生息困難な環境に変化してしまい，回復がきわめて困難になる．

2）環境汚染

　人類は数百年前から始まった科学技術の発展と工業化によって，石油や石炭などの化石燃料を大量に消費してきた．また自然界には存在しなかった化学物質を大量に生産し，使用してきた．これらの多くは自然界（微生物など）での分解ができない．

　DDT や 2,4-D などの農薬，PCB などの絶縁体，塩化ビニルや塩化ビニデリンなどは，生物によって分解できないので，食物連鎖を通じて物質が移動していき，上位の消費者になるほど体内で濃縮されていく．これを**生物濃縮**という．このように自然界に蓄積された化学物質は，ヒトを含めすべての生物に害を与えている．

　加速度的に増える廃棄物や排水中に含まれる有機チッ素や有機リンは，水質を**富栄養化**して河川を汚染する．さらに，廃棄物の多くは，埋め立て，焼却などによって処理されてきたが，そこからはダイオキシンなどの有害物質を環境に排出することになった．また，森林の伐採は多くの野生生物の生息地を奪い，多数の生物種を絶滅させてきた．

　近年，南極上空におけるオゾン層の大きな穴（オゾンホール）が発見されているが，これはフロンガスなど人類がつくり出した化学物質によるものであり，生物の生存の危機を高める要因の一つになっている．

3）地球温暖化

　地球の生物圏における酸素と二酸化炭素の量比はほぼ一定に保たれてきた．これは緑色植物の光合成によって排出される酸素と，従属栄養生物が呼吸によって排出する二酸化炭素のバランスが保たれていたからである．しかし，近年，二酸化炭素の量は確実に増加し続けている．

　その原因は，産業の発展による化石燃料の大量消費と，森林伐採や農地などの減少に伴い，緑地の消失が進んでいるためである（**図Ⅳ-3-7**）．

　大気中の二酸化炭素は地表面からの赤外線を吸収する**温室効果**があるので，二酸化炭素量の増加は地球全体の大気温上昇を招いている（メタン，二酸素窒素，フロンなども温室効果がある）．

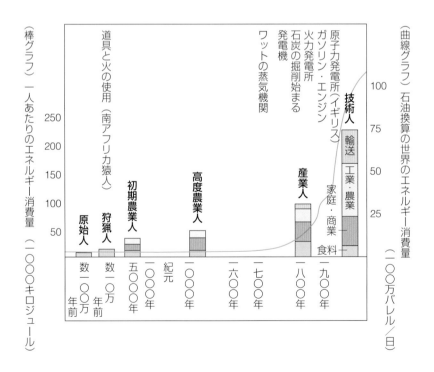

図Ⅳ-3-7　人間のエネルギー消費量の変化

大気温の上昇によって，地球環境に及ぼす影響は次のように推定されている．

①陸地の氷河の融解や，海水温の上昇による体積膨張などにより，海面が上昇し，低地の沿岸地域が水没する．

②異常気象が世界的規模で頻発し，自然生態系が崩れ，絶滅生物種が増加する．また，水不足（旱魃）と水害（洪水）の地域がいっそう広がり，水需給のアンバランス化が進み，生活環境や農業活動などに深刻な影響を与える．

③平均気温の上昇により，熱帯地域に限定されていた伝染病が温帯地域まで広がる．

④夏季気温の上昇は熱中症などによる衰弱・死亡者の増加を招く．

⑤公害との複合汚染で，光化学スモッグの増加により健康被害者が増加する．

これらの予測に対処するために，1997年には，気候変動枠組条約第三回締約国会議（COP3）が京都で開催され，温室効果ガス排出量の削減数値目標などの国際的取決め（京都議定書）が採択された．しかし，その後も温室効果ガスの増加は続いている．国連の「気候変動に関する政府間パネル」（IPCC：Intergovernmental Panel on Climate Change）は，2013年の報告書で，「世界の平均気温は1880年から2012年までに0.85℃上昇し，海面水位は1901年から2010年までに19cm上昇したと認定するとともに，大気中のCO_2濃度は1750年以降40%増加し，過去80万年で前例のない高さ」だと指摘した．さらに，「今世紀末には気温上昇幅が0.3〜4.8℃，海面の上昇は26〜82cm」との予測を示した．2015年には，「京都議定書」をふまえて，2020年以降の温暖化対策の国際的枠組みである「パリ協定」が発効され，これに従って各国が取り組むこととなった．

地球温暖化で人類の未来はどうなる

地球の平均気温が毎年少しずつ上昇している．産業社会が大量に排出した温室効果ガスの蓄積が原因であることは，もはや疑いないようだ．地球温暖化が進行すると，南極や北極の氷が溶けて沿岸の都市が水没するというのも深刻な問題だが，同時に多くの生物が絶滅する原因にもなると考えられている．生物は，まわりの環境に依存しながら生活するので，環境の変動が生物の生存に大きな影響を及ぼすのである．たとえば北極に氷がなくなると，氷に乗って餌を求めて移動するホッキョクグマが生存していくのは困難になる．

地球は，過去に幾度となく大規模な気候変動を経験してきた．その結果多くの生物が絶滅や衰退することを繰り返してきた．大規模な気候変動は生物進化の原動力でもあったが，それは火山の爆発や彗星の衝突など避けられないものが原因であった．しかし，現在進行している地球温暖化は人類がもたらしたものである．

すべての生物はそれぞれがジグソーパズルの1コマのように互いに関係をもちながら自然（生物社会）という雄大な絵をつくり上げている．もしも，多くの生物が温暖化によって絶滅していくと，この絵はいくつもの部分が欠けたものになるだろう．はたして，そのような地球に人類だけが繁栄を謳歌できるのだろうか．われわれの未来をより豊かなものにするためにも，身の回りの自然と環境を慈しむことから地球温暖化の問題を捉え，解決を目指す努力が必要ではないだろうか．

1) 都筑幹夫：カラー版現代生命科学の基礎 – 遺伝子，細胞から進化・生態まで．教育出版，東京，2005．

2) Wayne M.Becker,Jeff Hardin,Lewis J.Kleinsmith/ 村松正実，木南凌（訳）：細胞の世界．西村書店，東京，2005．

3) 山田安正：現代の組織学．金原出版，東京，1981．

4) Bruce Alberts, Dennis Bray, Karen Hopkin, Alexander Johnson, Julian Lewis, martin Raff, Keith Roberts, Peter Walter/ 中村桂子，松原謙一（訳）：Essential 細胞生物学　原書第2版．南江堂，東京，2005．

5) 赤坂甲治：生物学と人間．裳華房，東京，2000．

6) 櫻田忍，櫻田司：機能形態学．南江堂，東京，1998．

7) 石川春津，藤原敬己：新版細胞生物学．放送大学教育振興会，東京，1998．

8) 松村瑛子ほか：基礎固め生物．化学同人，京都，2002．

9) 太田次郎ほか：高等学校生物改訂版．啓林館，東京，2005．

10) 太田次郎：細胞からみた生物学．裳華房，東京，1997．

11) Sylvia S. Mader/ 坂井建雄，岡田隆夫(訳)：ヒューマンバイオロジー – 人体と生命．医学書院，東京，2005．

12) 渡辺格ほか：図説生物．三省堂，東京，1989．

13) 市村俊英ほか：詳説生物．三省堂，東京，1991．

14) 田中信徳：高等学校生物．第一学習社，東京，2005．

【著者略歴】

かわ い しん じ ろう
川合進二郎
    1970 年　広島大学理学部生物学科卒業
    1976 年　京都大学大学院理学研究科博士課程修了（理学博士）
    1976 ～ 1979 年　京都大学教養学部講師
    1979 年　大阪歯科大学講師
    1986 年　同大学助教授
    1986 ～ 1991 年　大阪府歯科医師会附属歯科衛生士専門学校講師
    2003 年　大阪歯科大学生物学教室教授
    2015 年　大阪歯科大学名誉教授

たかはた　　ご ろう
高畑　悟郎
    1971 年　千葉大学文理学部卒業
    1977 年　東京歯科大学講師
    1983 年　同大学助教授
    1989 年　同大学歯科衛生士専門学校講師
    1998 年　同大学生物学研究室教授
    2010 年　同大学名誉教授

【編者略歴】

や お　　かずひこ
矢尾　和彦
    1965 年　大阪歯科大学卒業
    1975 年　歯学博士
    1991 年　大阪歯科大学助教授（小児歯科学講座）
    1995 ～ 2008 年　同大学歯科衛生士専門学校校長

こうさか　　とし み
高阪　利美
    1974 年　愛知学院大学歯科衛生士学院卒業（現愛知学院大学歯科衛生専門学校）
    1982 年　愛知学院短期大学卒業
    1993 年　愛知学院大学歯科衛生専門学校教務主任
    2006 年　愛知学院大学短期大学部准教授
    2012 年　愛知学院大学短期大学部教授
    2021 年　愛知学院大学特任教授

あい ば ち か こ
合場千佳子
    1980 年　日本歯科大学附属歯科専門学校卒業
    1997 年　明星大学人文学部卒業
    2006 年　立教大学異文化コミュニケーション研究科修士課程修了
    2011 年　愛知学院大学大学院歯学研究科博士課程修了（歯学博士）
    2012 年　日本歯科大学東京短期大学教授

※ 本書は『最新歯科衛生士教本』の内容を引き継ぎ，必要な箇所の見直しを行ったものです．

歯科衛生学シリーズ
生物学 　　　　　　　　　　　　　ISBN978-4-263-42619-7

2023年1月20日　第1版第1刷発行
2024年1月20日　第1版第2刷発行

監　修　一般社団法人
　　　　全国歯科衛生士
　　　　教 育 協 議 会
著　者　川 合 進二郎
　　　　高 畑 悟 郎
発行者　白 石 泰 夫

発行所　医歯薬出版株式会社

〒113-8612　東京都文京区本駒込1−7−10
TEL. (03)5395—7638（編集）・7630（販売）
FAX. (03)5395—7639（編集）・7633（販売）
https://www.ishiyaku.co.jp/
郵便振替番号 00190-5-13816

乱丁，落丁の際はお取り替えいたします　　　　印刷・あづま堂印刷／製本・皆川製本所
© Ishiyaku Publishers, Inc., 2023. Printed in Japan